Victor von Dantscher

Vorlesungen über die Weierstrasssche Theorie der irrationalen Zahlen

Victor von Dantscher

Vorlesungen über die Weierstrasssche Theorie der irrationalen Zahlen

ISBN/EAN: 9783955622015

Auflage: 1

Erscheinungsjahr: 2013

Erscheinungsort: Bremen, Deutschland

@ Bremen-university-press in Access Verlag GmbH, Fahrenheitstr. 1, 28359 Bremen. Alle Rechte beim Verlag und bei den jeweiligen Lizenzgebern.

VORLESUNGEN ÜBER DIE WEIERSTRASSSCHE THEORIE DER IRRATIONALEN ZAHLEN

VON

D<small>R</small>. **VICTOR** <small>VON</small> **DANTSCHER**
O. PROFESSOR AN DER UNIVERSITÄT GRAZ

LEIPZIG UND BERLIN
DRUCK UND VERLAG VON B. G. TEUBNER
1908

Vorwort.

Diese Vorlesungen sollen den Studierenden der Mathematik, die an die Universität kommen, eine eingehende Darstellung der WEIERSTRASSschen Theorie der irrationalen Zahlen, wenigstens so wie ich sie aufgefaßt habe, an die Hand geben. Soweit meine Kenntnis der Literatur reicht (s. das Verzeichnis auf S. VI), dürfte eine solche auch in den ausführlichsten Lehrbüchern und Abhandlungen, welche der allgemeinen Arithmetik gewidmet sind, vielleicht nicht zu finden sein.

Zugrunde gelegt ist dieser Darstellung die Vorlesung, welche ich bei WEIERSTRASS selbst im Sommer-Semester 1872 zu hören die Ehre hatte, und eine Ausarbeitung einer späteren Vorlesung aus dem Jahre 1884; ich war sorgfältig bemüht, alles von WEIERSTRASS herrührende als solches zu bezeichnen — meist durch ein beigefügtes W —; für alles übrige fällt die Verantwortung auf mich.

Der Verlagsbuchhandlung drücke ich für ihr bereitwilliges Entgegenkommen meinen verbindlichsten Dank aus.

Igls, am 22. September 1906.

Victor von Dantscher.

Inhaltsverzeichnis.

	Seite
Vorwort	III
Einleitung	1

Erste Vorlesung.
Additive Aggregate aus unendlich vielen positiven rationalen Zahlen.

§ 1.	Einführung der additiven Aggregate aus unendlich vielen positiven rationalen Zahlen	6
§ 2.	Entwicklung der Weierstrassschen Gleichheitserklärung	10
§ 3.	Durchführung der Gleichheitserklärung an Beispielen	12
§ 4.	Konvergenz und Divergenz	16

Zweite Vorlesung.
Eigenschaften der konvergenten additiven Aggregate aus unendlich vielen positiven rationalen Zahlen.

§ 5.	Eine wichtige Folgerung aus der Erklärung der Konvergenz	19
§ 6.	Äußerste Empfindlichkeit der Gleichheit zweier konvergenter Aggregate	21
§ 7.	Die Erklärung des Größer- oder Kleiner-Seins; ein Kriterium für die Gleichheit zweier Aggregate	22
§ 8.	Darstellung eines konvergenten additiven Aggregates durch einen systematischen Bruch	24
§ 9.	Die konvergenten additiven Aggregate haben den Charakter einer Summe; Erklärung des Ausdruckes „Summe von unendlich vielen positiven rationalen Zahlen" u. der Bezeichnung $\sum_{\nu=0}^{x} a_\nu$	27

Dritte Vorlesung.
Rechnungsoperationen mit konvergenten additiven Aggregaten aus unendlich vielen positiven rationalen Zahlen.

§ 10.	Die Addition	31
§ 11.	Die Subtraktion	33

Inhaltsverzeichnis. V

		Seite
§ 12.	Die Multiplikation	35
§ 13.	Die Division	37
§ 14.	Erweiterung des Zahlbegriffes durch Aufnahme der konvergenten additiven Aggregate aus unendlich vielen positiven rationalen Zahlen; Nachweis der Existenz der k^{ten} Wurzel aus einer positiven rationalen Zahl, die nicht selbst die k^{te} Potenz einer solchen ist	39
§ 15.	Zuordnung der Punkte einer Euklidischen Geraden zu den Zahlen und umgekehrt	41
§ 16.	Vollkommen bestimmte Irrationalzahlen	42

Vierte Vorlesung.
Die additiven Aggregate aus unendlich vielen, teils positiven, teils negativen rationalen Zahlen.

§ 17.	Erklärung der Gleichheit, Konvergenz und Divergenz	45
§ 18.	Die konvergenten additiven Aggregate aus unendlich vielen, teils positiven, teils negativen rationalen Zahlen haben den Charakter einer Summe	47
§ 19.	Die Addition	50
§ 20.	Die Subtraktion	51
§ 21.	Die Multiplikation	52
§ 22.	Die Division; eine besondere Darstellung des Quotienten . .	56

Fünfte Vorlesung.
Additive Aggregate aus unendlich vielen komplexen Zahlen der Form $a + bi$.

§ 23.	Einige Bemerkungen über gemeine komplexe Zahlen	59
§ 24.	Erklärung der Gleichheit, Konvergenz, Summen-Charakter . .	61
§ 25.	Die Rechnungsoperationen mit konvergenten additiven Aggregaten aus unendlich vielen komplexen Zahlen; Satz über das Aggregat aus den absoluten Beträgen	62
§ 26.	Additive Aggregate aus unendlich vielen komplexen Zahlen mit irrationalen Koordinaten	65

Sechste Vorlesung.
Die multiplikativen Aggregate aus unendlich vielen Zahlen.

§ 27.	Die Weierstrasssche Erklärung des multiplikativen Aggregates durch ein additives	68
§ 28.	Notwendige und hinreichende Bedingung für die Konvergenz eines multiplikativen Aggregates	69

	Seite
§ 29. Konvergente multiplikative Aggregate haben den Charakter eines Produktes	71
§ 30. Einige Sätze über multiplikative Aggregate; der absolute Betrag eines multiplikativen Aggregates ist gleich dem multiplikativen Aggregate der absoluten Beträge der Faktoren; ein konvergentes multiplikatives Aggregat kann durch das Produkt einer endlichen Anzahl passend ausgewählter Faktoren mit vorgegebener Genauigkeit bestimmt werden; es verschwindet dann und nur dann, wenn einer der Faktoren verschwindet; der reziproke Wert eines von Null verschiedenen multiplikativen Aggregates ist das multiplikative Aggregat aus den reziproken Werten der Faktoren	74

Literaturverzeichnis.

E. Kossak, Die Elemente der Arithmetik, Programm-Abhandlung des Werder'schen Gymnasiums. Berlin 1872.

S. Pincherle, Saggio di una introduzione alla teoria delle funzioni analitiche secondo i principii di Prof. C. Weierstrass. Battaglini, G. XVIII p. 178—254, 317—357, 1880.

G. Cantor in der Abhandlung: Über unendliche lineare Punktmannigfaltigkeiten. Math. Ann., Bd. 21, p. 565, 1883.

A. Rösler, Die neueren Definitionen der irrationalen Zahlen. Hannover 1886.

O. Biermann, Theorie der analytischen Funktionen. Leipzig, Teubner, 1887. p. 19—80.

O. Stolz und J. A. Gmeiner, Theoretische Arithmetik. Leipzig, Teubner, 1902. p. 270.

Encyklopädie der Mathem. Wissensch., Bd. I 1, p. 54.

Einleitung.[1]

Das Mathematikerverzeichnis des Eudemos von Rhodos (um 334 v. Chr.)[2] bezeichnet ausdrücklich **Pythagoras von Samos** (580—501 v. Chr.)[3] als den Erfinder des Irrationalen[4]; dies ist wohl nur so zu verstehen, daß Pythagoras durch sein berühmtes Theorem über den Zusammenhang zwischen den Quadraten der Seiten eines ebenen rechtwinkligen Dreieckes das Mittel an die Hand gab spezielle irrationale Zahlen, nämlich die Quadratwurzeln aus positiven rationalen Zahlen durch Streckenquotienten darzustellen.

Bezeichnet nämlich e eine beliebig gewählte Einheitsstrecke, a eine positive rationale Zahl, die nicht selbst das Quadrat einer solchen ist, so liefert das rechtwinklige Dreieck mit der Hypotenuse $\frac{a+1}{2}e$ und der Kathete $\frac{a-1}{2}e$, bzw. $\frac{1-a}{2}e$, je nachdem $a \gtreqless 1$ ist, in seiner zweiten Kathete eine Strecke α, deren Quadrat, gemäß der Relation $\alpha e^2 = \left(\frac{a+1}{2}e\right)^2 - \left(\frac{a-1}{2}e\right)^2$, gleich ae^2 ist.

Bedeutet also der Quotient $\frac{\alpha}{e}$ eine Zahl, d. h. ist der Zahlbegriff so weit entwickelt, daß er auch den nicht abschließenden Prozeß der Ausmessung der Strecke α durch die Strecke e

---

[1] Vgl. den Artikel „Irrationalzahlen" von A. Pringsheim in der Encyklop. der Math. Wissensch., deutsche Ausg. Bd. I 1, p. 49 ff., franz. Ausg. t. I, p. 133 ff.

[2] F. Müller, Zeittafeln, p. 16.   [3] ibidem, p. 6.

[4] M. Cantor, Gesch. d. Math. (1907), Bd. I, p. 153.

umfaßt, so ist damit in geometrischer Einkleidung ein Beweis für die Existenz einer Zahl gegeben, deren Quadrat gleich a ist.

Daß eine solche Zahl nicht rational sein kann, dürften für spezielle Werte von a, insbesondere für $a = 2$ schon die Pythagoräer[1]) bewiesen haben; präzis formuliert findet sich dieser Nachweis aber erst bei Euklid[2]) (um 300 v. Chr.).

Zur Auffassung des Quotienten zweier inkommensurablen Strecken als Zahl sind aber die griechischen Geometer nicht gelangt; Euklid weist dieselbe direkt ab mit den Worten[3]):

Ἔστω ἀσύμμετρα μεγέθη τὰ A, B· λέγω ὅτι τὸ A πρὸς τὸ B λόγον οὐκ ἔχει ὃν ἀριθμὸς πρὸς ἀριθμόν.

Daß aber die Lehre von den Verhältnissen inkommensurabler Strecken, wie sie Euklid im V. Buche seiner Elemente entwickelt hat, doch den Keim zu einer Theorie der irrationalen Zahlen enthält, hat, wie A. PRINGSHEIM l. c. p. 50, Anm. 4 hervorhebt, O. STOLZ[4]) bemerkt, wobei allerdings nicht zu übersehen ist, daß Euklid nur mit Zirkel und Lineal konstruierbare Strecken im Auge haben konnte.

In dem Zeitraume von 1800 Jahren zwischen Euklid und dem deutschen Mathematiker MICHAEL STIFEL (1486 bis 1567) hat die Lehre von den irrationalen Zahlen keinen nennenswerten Fortschritt gemacht.

STIFEL ist der erste[5]) Mathematiker, der ausführlich von den „numeris irrationalibus" handelt (Arithmetica integra, Nürnberg 1544); er vermag sie zwar auch noch nicht als wirkliche Zahlen zu betrachten, sagt aber doch, daß jeder

---

1) M. CANTOR, l. c. p. 192.   2) PEYRARD, Bd. II, p. 416—420.
3) PEYRARD, Bd. II, p. 129.
4) Allg. Arith. I, p. 85ff. „Größen und Zahlen" p. 16, Theoretische Arithmetik von O. STOLZ und J. A. GMEINER, p. 120ff.
5) C. J. GERHARDT, Gesch. d. Math. in Deutschland, München 1877, p. 69 und A. PRINGSHEIM, l. c.

solchen Zahl ein bestimmter Platz in der geordneten Zahlenreihe zukomme.

Die Versuche von J. Newton[1]) und Chr. Wolf[2]), den Zahlbegriff durch Verwendung des Begriffes „ratio" oder „Verhältnis" von gleichartigen Größen oder speziell von Strecken zu erweitern, bedeuten wohl kaum einen Fortschritt, weil ja eben das Verhältnis von inkommensurablen Strecken ein schwieriger, rein arithmetisch damals noch nicht klar gestellter Begriff war, zu dessen Erklärung ja gerade eine Erweiterung des Zahlbegriffes erforderlich wurde.

Diese Schwierigkeit wirklich zu überwinden, nicht bloß zu verdecken, muß der Zahlbegriff ohne Zuhilfenahme irgend welcher geometrischer Vorstellungen so erweitert werden, daß er dann auch das Verhältnis inkommensurabler Strecken umfaßt; es muß eine rein arithmetische Theorie der irrationalen Zahlen geschaffen werden, welche allein imstande ist, ein festes Fundament für die ganze Analysis zu bilden.

Eine solche Theorie, nach der sich das Bedürfnis erst in der zweiten Hälfte des 19. Jahrhunderts geltend gemacht hat, hat nun K. Weierstrass entwickelt und in seinen Vorlesungen[3]) zur Einleitung in die Theorie der analytischen Funktionen (vom W.-S. 1859/60 bis zum W.-S. 1884/5) wiederholt vorgetragen; leider liegt eine Publikation darüber oder eine fertige Redaktion von seiner Hand meines Wissens nicht vor.

---

1) Arithmetica universalis, 2. Ausgabe, London 1722, p. 4: „Per numerum non tam multitudinem unitatum quam abstractam quantitatis cujusvis ad aliam ejusdem generis quantitatem quae pro unitate habetur rationem intelligimus."

2) Elementa Matheseos universae, t. I, Halae Magdeburgicae 1717, art. 19, def. 8: „Quicquid refertur ad unitatem ut linea recta ad aliam rectam, Numerus dicitur."

3) Nach dem Verzeichnisse der Weierstrassschen Vorlesungen, Werke, Bd. III, p. 355—360; ob Weierstrass jedesmal in diesem Kolleg auch auf die Theorie der irrationalen Zahlen eingegangen ist, vermag ich nicht zu konstatieren.

Andere Theorien der irrationalen Zahlen wurden von R. DEDEKIND[1]), G. CANTOR[2]), E. HEINE[3]) und CH. MÉRAY[4]) publiziert.

Eine vergleichende Betrachtung der Theorien von WEIERSTRASS, DEDEKIND und CANTOR (und damit auch der von HEINE und MÉRAY) gibt G. CANTOR in der Abhandlung „Über unendliche lineare Punktmannigfaltigkeiten" (5. Fortsetzung) Math. Ann. Bd. 21 (1883), p. 564—571.

Die Einwendungen, welche gegen die WEIERSTRASSsche Theorie erhoben worden sind, dürfen nicht unerwähnt bleiben.

Herr E. ILLIGENS[5]) erblickt einen Fehler darin, daß die neu eingeführten Zahlen keine Vielheit oder Quantität ausdrücken.

Diesem Vorwurfe begegnete Herr G. CANTOR in der Bemerkung[6]) mit Bezug auf den Aufsatz: Zur WEIERSTRASS-CANTORschen Theorie der Irrationalzahlen in Math. Annalen, Bd. XXXIII, p. 154; ich möchte von meinem Standpunkte aus sagen: wenn die WEIERSTRASSschen Irrationalzahlen keine Quantitäten ausdrücken würden, so wäre das nicht ein Mangel der WEIERSTRASSschen Theorie, sondern ein Mangel in der Fassung des Begriffes Quantität.

Auf die abfällige Beurteilung, welche Herr G. FREGE in seinem Buche „Grundgesetze der Arithmetik", II. Bd., Jena 1903 (S. 148—155), der WEIERSTRASSschen Theorie der rationalen

---

1) Stetigkeit und irrationale Zahlen, Braunschweig 1872; im Vorworte zur Schrift „Was sind und was sollen die Zahlen?" (1888) bemerkt DEDEKIND p. XI, daß er seine Theorie im Herbste 1858 erdacht habe.   2) Math. Ann. Bd. 5 (1872).

3) Journ. f. Math., Bd. 74 (1872), wobei ausdrücklich auf mündliche Mitteilungen von WEIERSTRASS und CANTOR hingewiesen wird.

4) Nouveau Précis d'Analyse infinitesimale, Paris 1872; nach der französischen Ausgabe der Encyklopädie fällt die erste Publikation von MÉRAY über seine Theorie in das Jahr 1869. t. I, p. 148, Anm. 49.

5) Zur WEIERSTRASS-CANTORschen Theorie der Irrationalzahlen, Math. Ann. Bd. 33, p. 154—160 (1889).   6) ibidem, p. 476.

Zahlen, wie er sie aus den Darstellungen von KOSSAK und BIERMANN und handschriftlichen Kollegienheften kennen gelernt hat, zuteil werden läßt, im einzelnen einzugeben, ist hier nicht der Ort; daß bei der Wiedergabe von Vorlesungen Mißverständnisse leicht vorkommen können, gibt Herr FREGE im § 148 p. 149 selbst zu.

Als ein Beispiel dafür möchte ich die Äußerung Herrn FREGES über die WEIERSTRASSsche Auffassung der Summe von unendlich vielen positiven Summanden (p. 154) anführen: „Eine Summe von unendlich vielen positiven Summanden faßt WEIERSTRASS nicht als Grenzwert einer Summe, sondern als Summe. Ihr Vorhandensein scheint ihm ebenso sicher wie bei endlich vielen Summanden; und doch stimmt dies nicht mit seiner Erklärung der Addition. Nur hält er es für nötig, die Gleichheit in diesem Falle besonders zu erklären (Verstoß gegen unsern ersten Grundsatz des Definierens) und kommt dadurch auf die Endlichkeit. Das hängt damit zusammen, daß das Wort „Summe" und das Pluszeichen sowie das Gleichheitszeichen, wie wir oben gesehen haben, keine feste Bedeutung haben."

Diese Äußerung läßt meines Erachtens keinen Zweifel darüber übrig, daß die WEIERSTRASSsche Theorie gerade in einem sehr wesentlichen Punkte nicht richtig aufgefaßt wurde; man vergleiche meine Darstellung am Ende des § 9.

Bezüglich der WEIERSTRASSschen Theorie der irrationalen Zahlen erklärt Herr FREGE (p. 154):

„Eine eingehende Kritik von WEIERSTRASSENS Begründung der irrationalen Zahlen ist, nachdem die Grundlagen als ganz unsicher nachgewiesen sind, nicht nötig."

Demgegenüber möchte ich doch darauf aufmerksam machen, daß Herr R. DEDEKIND in seiner Schrift „Was sind und was sollen die Zahlen?" (Braunschweig 1888) p. XII ausdrücklich bemerkt, daß die Theorien der Herren WEIERSTRASS und CANTOR vollkommene Strenge besitzen.

Erste Vorlesung.

Additive Aggregate aus unendlich vielen positiven rationalen Zahlen.

§ 1. Einführung der additiven Aggregate aus unendlich vielen positiven rationalen Zahlen.

Die Einführung der rationalen Zahlen war eine unabweisbare Forderung des praktischen Lebens, die der irrationalen Zahlen entsprang wohl nur einem theoretischen Interesse; man hat mit Recht von der Arithmetik verlangt, daß sie imstande sei, das Verhältnis zwischen der Diagonale und der Seite eines Quadrates darzustellen oder das Verhältnis zwischen den Kanten zweier Würfel, von welchen der Rauminhalt des einen doppelt so groß ist als der des anderen; oder etwas anders ausgedrückt: man hat mit Recht verlangt, den Zahlbegriff so weit zu entwickeln, daß es auch eine Zahl geben soll, deren Quadrat gleich 2, und ebenso eine Zahl, deren dritte Potenz gleich 2 ist.

Solche Zahlen gibt es im Gebiete der rationalen Zahlen nicht[1]); sind a und b teilerfremde Anzahlen, so kann $\left(\frac{a}{b}\right)^2$ nicht gleich 2 sein, denn aus

$$a^2 = 2b^2$$

folgt, daß a den Faktor 2 enthalten muß; bezeichnet man also

---

1) Euklid, l. c.

§ 1. Einführung der additiven Aggregate usw.

die Anzahl $\frac{a}{2}$ mit a', so wird

$$2a'^2 = b^2;$$

also muß auch b den Faktor 2 enthalten; dies widerspricht aber der Voraussetzung, daß a und b teilerfremd sind; ganz analog zeigt man, daß

$$a^3 = 2b^3$$

nicht statthaben kann.

Ebenso leicht überzeugt man sich von folgender Tatsache: ist r eine positive rationale Zahl, aber nicht die k^{te} Potenz einer solchen (k eine Anzahl größer als 1), so gibt es keine rationale Zahl $\frac{a}{b}$, deren k^{te} Potenz gleich r ist.

Wohl aber kann man rationale Zahlen angeben, deren k^{te} Potenzen sich von r weniger unterscheiden als eine bestimmte, beliebig klein anzunehmende, positive rationale Zahl ε.

Es gibt gewiß eine kleinste Anzahl $c_0 + 1$, deren k^{te} Potenz größer ist als r; dann ist

$$c_0^k < r < (c_0 + 1)^k;$$

wird die Anzahl $n > 1$ gewählt, so gibt es gewiß ein kleinstes Vielfaches von $\frac{1}{n}$, es sei mit $\frac{c_1 + 1}{n}$ bezeichnet, wobei $0 \leqq c_1 \leqq n - 1$ ist, so beschaffen, daß $\left(c_0 + \frac{c_1 + 1}{n}\right)^k > r$ ist. Dann ist

$$\left(c_0 + \frac{c_1}{n}\right)^k < r < \left(c_0 + \frac{c_1 + 1}{n}\right)^k$$

Ebenso gibt es ein kleinstes Vielfaches von $\frac{1}{n^2}$, es sei mit $\frac{c_2 + 1}{n^2}$ bezeichnet ($0 \leqq c_2 \leqq n - 1$), so beschaffen, daß

$$\left(c_0 + \frac{c_1}{n} + \frac{c_2 + 1}{n^2}\right)^k > r$$

ist; dann ist

$$\left(c_0 + \frac{c_1}{n} + \frac{c_2}{n^2}\right)^k < r < \left(c_0 + \frac{c_1}{n} + \frac{c_2 + 1}{n^2}\right)^k.$$

Dieser Schluß kann offenbar beliebig fortgesetzt werden und liefert rationale Zahlen von der Form

$$c_0 + \frac{c_1}{n} + \frac{c_2}{n^2} + \cdots + \frac{c_\nu}{n^\nu},$$

welche der Bedingung genügen

(1) $\left(c_0 + \frac{c_1}{n} + \frac{c_2}{n^2} + \cdots + \frac{c_\nu}{n^\nu}\right)^k < r < \left(c_0 + \frac{c_1}{n} + \frac{c_2}{n^2} + \cdots + \frac{c_\nu+1}{n^\nu}\right)^k.$

Bezeichnet man den größten der Binomialkoeffizienten $\binom{k}{i}$, für $i = 1, 2, 3, \ldots k-1$, mit K, so ist die Differenz der äußeren Glieder in der letzten Ungleichung kleiner als $kK\frac{(c_0+1)^{k-1}}{n^\nu}$ und kann somit durch Vergrößerung des ν kleiner gemacht werden als eine bestimmte, beliebig klein vorgegebene, positive rationale Zahl ε; dann ist sicher auch

$$r - \left(c_0 + \frac{c_1}{n} + \frac{c^2}{n^2} + \cdots + \frac{c_\nu}{n^\nu}\right)^k < \varepsilon.$$

Dieser Umstand gibt nun einen Fingerzeig, in welchem Sinne der Zahlbegriff zu erweitern ist, damit es in dem erweiterten Zahlensysteme nun Zahlen gebe, deren k^{te} Potenz gleich r ist.

Die Forderung nämlich, rationale Zahlen zu finden, deren k^{te} Potenz der Zahl r immer näher und näher kommt, liefert uns eine unbegrenzte Reihe von positiven rationalen Zahlen

$$c_0, \ \frac{c_1}{n}, \ \frac{c_2}{n^2}, \ldots \frac{c_\nu}{n^\nu}, \ldots$$

mit der oben angeführten Eigenschaft (1). Wenn es also gelingt, die Rechnungsoperationen im Gebiete der rationalen Zahlen auf Mengen von **unendlich vielen** positiven rationalen Zahlen auszudehnen, so eröffnet sich damit die Aussicht, ein Zahlgebiet zu gewinnen, in welchem eine Zahl existiert, deren k^{te} Potenz gleich r ist.

§ 1. Einführung der additiven Aggregate usw.

Zunächst ist darauf aufmerksam zu machen, daß unendlich viele Zahlen nicht einzeln willkürlich gewählt, sondern nur durch ein Rechnungsverfahren oder ein Bildungsgesetz gegeben werden können; ein Beispiel der ersteren Art gibt die Bestimmung der Anzahlen $c_1, c_2, c_3, \ldots c_\nu$, für welche etwa

$$\left(1 + \frac{c_1}{n} + \frac{c_2}{n^2} + \ldots + \frac{c_\nu}{n^\nu}\right)^2 < 2 < \left(1 + \frac{c_1}{n} + \frac{c_2}{n^2} + \ldots + \frac{c_\nu + 1}{n^\nu}\right)^2$$

ist; sind die Anzahlen $c_1, c_2, \ldots c_{\nu-1}$ bestimmt — jede von ihnen liegt im Intervalle $(0 \ldots n-1)$ —, so gibt es eine einzige ganz bestimmte Anzahl c_ν aus demselben Intervalle, welche der obigen Forderung genügt. Beispiele der zweiten Art liefern die Ausdrücke:

$$m, \quad \frac{1}{m}, \quad \frac{1}{m^2}, \quad \frac{1}{2^m} \text{ usw.,}$$

wenn man unter m etwa jede Zahl aus der Reihe der Anzahlen $1, 2, 3, \ldots$ versteht.

Aber auch Ausdrücke von der Form

$$\frac{1}{2^\alpha \cdot 3^\beta}, \quad \frac{1}{2^\alpha \cdot 3^\beta \cdot 5^\gamma} \ldots,$$

in welchen zwei oder mehrere voneinander unabhängige Vertreter $\alpha, \beta, \gamma, \ldots$ jeder Anzahl vorkommen, liefern uns unendlich viele positive rationale Zahlen; es soll hier nicht darauf eingegangen werden, in welchem Sinne solche Mengen auf andere zurückgeführt werden können, deren Darstellung nur einen Vertreter der Anzahlen in Anspruch nimmt.

Wir wollen nun eine in diesem Sinne gegebene Menge von unendlich vielen positiven rationalen Zahlen nach WEIERSTRASS als ein **Aggregat** dieser Zahlen, die wir auch „Glieder" desselben nennen, bezeichnen und insbesondere als ein **additives Aggregat**[1]), wenn jede endliche Zahl von Gliedern des-

---

1) Die Bezeichnungen „additives" bzw. „multiplikatives" Aggregat rühren nicht von Weierstrass her.

selben durch Addition verbunden gedacht wird. Als Zeichen für eine einzelne positive rationale Zahl wählen wir die Buchstaben $a, b, c, \ldots$, die Aggregate selbst bezeichnen wir durch $\{a\}, \{b\}, \{c\}, \ldots$ oder manchmal auch zur Abkürzung mit $A, B, C, \ldots$ und gehen nun daran zu versuchen, ob es gelingt, mit solchen Aggregaten so zu operieren, wie mit rationalen Zahlen.

§ 2. Entwicklung der Weierstrassschen Gleichheitserklärung.

Der erste Schritt, den wir dabei zu machen haben, ist, eine befriedigende Erklärung für die Gleichheit zweier solcher Aggregate aufzustellen; hier ist geradezu eine Erfindung notwendig, denn es liegt auf der Hand, daß die Erklärung der Gleichheit, wie sie für zwei positive rationale Zahlen aufgestellt wurde[1]), auf die Aggregate von unendlich vielen solchen Zahlen nicht anwendbar ist. *Jedenfalls aber muß die zu suchende Erklärung der Gleichheit jene im Gebiete der positiven rationalen Zahlen in sich enthalten,* da ja das erweiterte Zahlengebiet das ursprüngliche umfassen soll. Es empfiehlt sich daher, diese letztere durch eine andere zu ersetzen, die wenigstens ihrem Wortlaute nach auch auf die Aggregate von unendlich vielen positiven rationalen Zahlen angewendet werden kann. Hiezu führt die Bemerkung, daß zwei positive rationale Zahlen a und b gleich sind, wenn jede positive rationale Zahl, welche kleiner ist als die eine, auch kleiner ist als die andere; in der Tat kann dann nicht $a > b$ sein, weil es unter dieser Voraussetzung rationale Zahlen ϱ gibt, für welche $a > \varrho > b$

---

[1]) Diese Gleichheitserklärung hat nämlich folgenden Inhalt: Zwei positive rationale Zahlen werden als gleich erklärt, wenn sie als gleiche Vielfache eines und desselben genauen Teiles der Einheit dargestellt werden können.

§ 2. Entwicklung der Gleichheitserklärung. 11

ist, ebenso kann aber auch nicht $a < b$ sein, weil es dann rationale Zahlen σ gibt, für welche $a < \sigma < b$ ist.

Bezeichnet man eine positive rationale Zahl α, welche kleiner ist als a, als einen „Bestandteil" von a, so lautet die neue Erklärung der Gleichheit für zwei positive rationale Zahlen a und b jetzt so:

1) *a ist gleich b, wenn jeder Bestandteil der einen Zahl auch Bestandteil der anderen ist.*

Was nützt aber das für die Erfindung der Gleichheitserklärung für Aggregate von unendlich vielen positiven rationalen Zahlen?

Der Vorteil liegt darin, daß zur Bildung eines Bestandteiles einer positiven rationalen Zahl a jetzt nicht alle genauen Teile der Einheit, aus welchen die Zahl a gebildet ist, in Anspruch genommen werden; wir können also den Begriff „Bestandteil" auch auf die Aggregate von endlich vielen positiven rationalen Zahlen ausdehnen (W), indem wir aus endlich vielen Gliedern a eines solchen endlich viele Einheiten und genaue Teile der Einheit herausgreifen und durch Addition zu einer positiven rationalen Zahl zusammenfassen. Sind demnach $a^{(1)}, a^{(2)}, a^{(3)}, \ldots, a^{(e)}$ endlich viele beliebig herausgegriffene Glieder des Aggregates

$$A \equiv \{a\}$$

und $\alpha^{(1)}, \alpha^{(2)}, \alpha^{(3)}, \ldots, \alpha^{(e)}$ positive rationale Zahlen bzw. nicht größer als $a^{(1)}, a^{(2)}, a^{(3)}, \ldots, a^{(e)}$, so ist die Summe

$$\alpha^{(1)} + \alpha^{(2)} + \alpha^{(3)} + \cdots + \alpha^{(e)}$$

der Repräsentant jedes Bestandteiles des Aggregates A; zur Abkürzung bezeichnen wir einen solchen mit TA.

Jetzt wollen wir versuchen, die Erklärung der Gleichheit **1)** auf zwei Aggregate aus unendlich vielen positiven rationalen Zahlen zu übertragen und dann so zu fassen:

12　1. Additive Aggregate aus unendlich vielen positiv. rationalen Zahlen.

2) *Zwei additive Aggregate aus endlich oder unendlich vielen positiven rationalen Zahlen werden als gleich erklärt, wenn jeder Bestandteil des einen Aggregates auch Bestandteil des anderen ist.*

Das ist die von WEIERSTRASS aufgestellte Erklärung und wir haben uns jetzt über ihre Bedeutung und Tragweite zu unterrichten.

Das erste Bedenken, welches wohl jedem nach einiger Überlegung gegen die Ausführbarkeit dieser Erklärung sich darbietet, liegt darin, daß sie ohne Zweifel die Abgabe von unendlich vielen Größenurteilen verlangt[1]), denn es gibt ja unendlich viele Bestandteile in jedem Aggregate. Sind A und B zwei gegebene Aggregate, so ist zu untersuchen, ob es in B Bestandteile gibt, die größer sind als irgend ein beliebig herausgegriffener, aber bestimmter Bestandteil TA und umgekehrt. Es erhebt sich also sofort die Frage: Sind wir überhaupt imstande, unendlich viele Größenurteile abzugeben?

Die Möglichkeit dafür liegt in der Einführung von Repräsentanten für unendlich viele Zahlen; bedeutet $\mathfrak{r}$ eine rationale Zahl, so ist z. B. gewiß $\mathfrak{r} + 1 > \mathfrak{r}$, und damit sind in der Tat schon unendlich viele Größenurteile abgegeben. Es dürfte daher angezeigt sein, zunächst an Beispielen die Ausführbarkeit der neuen Gleichheitserklärung zu zeigen.

§ 3. Durchführung der Gleichheitserklärung an Beispielen.

1. Beispiel. Es sei q eine positive rationale Zahl kleiner als 1; wir betrachten das additive Aggregat der sämtlichen Potenzen von q nämlich

---

1) Daß dies für rationale Zahlen nicht der Fall ist, hat seinen Grund natürlich darin, daß die Vergleichung der oberen Grenzen der Bestandteile, welche eben die rationalen Zahlen selbst sind, genügt.

§ 3. Durchführung der Gleichheitserklärung an Beispielen.

$$1, q, q^2, q^3, \ldots \text{ in inf.}$$

und bezeichnen dasselbe mit Q.

Um einen Bestandteil TQ zu bilden, greifen wir eine endliche Anzahl von Gliedern des Aggregates heraus:

$$q^{n_1}, q^{n_2}, q^{n_3}, \ldots q^{n_i};$$

ist nun n größer als jede der Anzahlen $n_1, n_2, \ldots n_i$, so ist offenbar ein solcher Bestandteil kleiner als

$$1 + q + q^2 + \cdots + q^n = \frac{1}{1-q} - \frac{q^{n+1}}{1-q};$$

hieraus folgt: jeder Bestandteil TQ ist kleiner als $\frac{1}{1-q}$. Es ist aber auch jeder Bestandteil von $\frac{1}{1-q}$ Bestandteil von Q. Jeder Bestandteil der positiven rationalen Zahl $\frac{1}{1-q}$ wird dargestellt durch den Ausdruck $\frac{1}{1-q} - x$, wobei x eine positive rationale Zahl kleiner als $\frac{1}{1-q}$ bezeichnet; macht man nun n so groß, daß

$$\frac{1}{1-q} - \frac{q^{n+1}}{1-q} > \frac{1}{1-q} - x$$

oder

$$q^{n+1} < x(1-q)$$

wird, so ist

$$1 + q + q^2 + \cdots + q^n > \frac{1}{1-q} - x$$

d. h. aber nichts anderes, als daß jeder Bestandteil von $\frac{1}{1-q}$ auch Bestandteil von Q ist; folglich sind nach der aufgestellten Gleichheitserklärung das Aggregat $Q \equiv \{q^n\}$ ($n = 0, 1, 2, \ldots$ in inf.) und die rationale Zahl $\frac{1}{1-q}$ ($q < 1$) als gleich zu bezeichnen.

2. Beispiel. Es sei a eine positive rationale Zahl; das betrachtete Aggregat A bestehe aus allen Zahlen, welche der Ausdruck $\frac{1}{(a+k)(a+k+1)}$ darstellt, wenn k die Reihe der An-

zahlen 0, 1, 2, 3, ... in inf. durchläuft. Greift man, um einen Bestandteil von A zu bilden, die endlich vielen Glieder

$$\frac{1}{(a+k_1)(a+k_1+1)}, \frac{1}{(a+k_2)(a+k_2+1)}, \cdots, \frac{1}{(a+k_e)(a+k_e+1)}$$

heraus und wählt die Anzahl n größer als jede der Zahlen $k_1+1, k_2+1, \ldots k_e+1$, so ist ein solcher Bestandteil kleiner als die Summe

$$\frac{1}{a(a+1)} + \frac{1}{(a+1)(a+2)} + \cdots + \frac{1}{(a+n-1)(a+n)} =$$
$$= \left(\frac{1}{a} - \frac{1}{a+1}\right) + \left(\frac{1}{a+1} - \frac{1}{a+2}\right) + \cdots + \left(\frac{1}{a+n-1} - \frac{1}{a+n}\right) =$$
$$= \frac{1}{a} - \frac{1}{a+n};$$

hieraus folgt: jeder Bestandteil von A ist auch Bestandteil von $\frac{1}{a}$. Anderseits ist jeder Bestandteil von $\frac{1}{a}$ im Ausdruck $\frac{1}{a} - \alpha$ enthalten, wenn α eine positive rationale Zahl kleiner als $\frac{1}{a}$ bezeichnet; macht man also die Anzahl n so groß, daß

$$\frac{1}{a} - \frac{1}{a+n} > \frac{1}{a} - \alpha$$

also

$$\frac{1}{a+n} < \alpha$$

werde, so ist

$$\frac{1}{a(a+1)} + \frac{1}{(a+1)(a+2)} + \cdots + \frac{1}{(a+n-1)(a+n)} > \frac{1}{a} - \alpha;$$

es ist also auch jeder Bestandteil von $\frac{1}{a}$ Bestandteil von A; demnach sind A und $\frac{1}{a}$ als **gleich zu erklären**.

3. **Beispiel.** Ist r eine positive rationale Zahl, aber nicht selbst die k^{te} Potenz einer solchen, so gibt es, wie früher bemerkt wurde, ein System von unendlich vielen positiven rationalen Zahlen $c_0, \frac{c_1}{n}, \frac{c_2}{n^2}, \ldots \frac{c_\nu}{n^\nu}, \ldots$ welche den Ungleichungen

§ 3. Durchführung der Gleichheitserklärung an Beispielen.

$$(1)\left(c_0 + \frac{c_1}{n} + \frac{c_2}{n^2} + \cdots + \frac{c_\nu}{n^\nu}\right)^k < r < \left(c_0 + \frac{c_1}{n} + \frac{c_2}{n^2} + \cdots + \frac{c_\nu + 1}{n^\nu}\right)^k$$

genügen; dabei ist n eine Anzahl größer als 1; $c_1, c_2, \ldots c_\nu \ldots$ sind sämtlich Anzahlen aus der Reihe $0, 1, 2, \ldots n-1$. Zur Abkürzung wollen wir das additive Aggregat aller dieser Zahlen $\frac{c_\nu}{n^\nu}$ (für $\nu = 0, 1, 2, \ldots$ in inf.) mit C und den Bestandteil $c_0 + \frac{c_1}{n} + \frac{c_2}{n^2} + \cdots + \frac{c_\nu}{n^\nu}$ desselben mit $T_\nu C$ bezeichnen. Ist nun m eine von n verschiedene Anzahl größer als 1, so gibt es ebenso ein Aggregat von unendlich vielen Zahlen $\frac{b_\mu}{m^\mu}$, welche den Ungleichungen

$$(2)\left(b_0 + \frac{b_1}{m} + \frac{b_2}{m^2} + \cdots + \frac{b_\mu}{m^\mu}\right)^k < r < \left(b_0 + \frac{b_1}{m} + \frac{b_2}{m^2} + \cdots + \frac{b_\mu + 1}{m^\mu}\right)^k$$

genügen; dabei ist $b_0 = c_0$; $b_1, b_2, \ldots b_\mu \ldots$ sind sämtlich Anzahlen aus der Reihe $0, 1, 2, \ldots m-1$. Zur Abkürzung wollen wir dieses Aggregat mit B und den Bestandteil $b_0 + \frac{b_1}{m} + \frac{b_2}{m^2} + \cdots + \frac{b_\mu}{m^\mu}$ mit $T_\mu B$ bezeichnen. Nun läßt sich zeigen, daß jeder Bestandteil von B auch Bestandteil von C ist und umgekehrt.

Fassen wir nämlich einen Bestandteil TB auf, zu dessen Bildung nur Zahlen aus der Reihe $b_0, \frac{b_1}{m}, \frac{b_2}{m^2}, \ldots \frac{b_i}{m^i}$ benützt werden, so ist derselbe offenbar nicht größer als $T_i B$; es ist nun zu zeigen, daß es Bestandteile $T_h C$ gibt, welche größer sind als $T_i B$.

Hierzu bemerken wir: nach (2) ist sicher

$$(T_i B)^k < r;$$

weiter kann, wie im § 1 gezeigt wurde, der Unterschied der äußeren Glieder von (1) durch Vergrößerung des ν kleiner gemacht werden als eine vorgegebene positive rationale Zahl ε. Man kann also bewirken, daß

$$\left(T_h C + \frac{1}{n^k}\right)^k - (T_h C)^k < r - (T_i B)^k$$

werde, wenn nur $h > H$, eine gehörig groß gewählte Anzahl ist. Hieraus folgt aber mit Rücksicht auf (1) offenbar auch

$$r - (T_h C)^k < r - (T_i B)^k \quad \text{für } h > H,$$

also ist $\quad (T_h C)^k > (T_i B)^k,$

daher auch $\quad T_h C > T_i B, \quad$ wenn $h > H$.

Ganz analog läßt sich natürlich auch zeigen, daß jeder Bestandteil TC auch Bestandteil von B ist.

Dieses Beispiel zeigt die Ausführkarkeit der WEIERSTRASSschen Gleichheitserklärung auch in dem Falle, daß beide Aggregate unendlich viele Glieder enthalten.

§ 4. Konvergenz und Divergenz.

Es gibt aber auch Fälle, in welchen die Gleichheit zweier Aggregate dem Wortlaute ihrer Erklärung nach sehr leicht konstatiert werden kann, in welchen aber eine Erscheinung auftritt, die uns zwingt, offen zu bekennen, daß die aufgestellte Erklärung der Gleichheit unter Umständen völlig unbrauchbar werden kann. Betrachten wir nämlich das Aggregat $A \equiv \{a\}$ aller Anzahlen a und daneben das Aggregat $B \equiv \{2b\}$ aller geraden Anzahlen $2b$, so ist augenblicklich zu ersehen, daß jeder Bestandteil von A auch Bestandteil von B ist und umgekehrt; die beiden Aggregate wären demnach als gleich zu bezeichnen.

Nun tritt aber der besondere Umstand ein, daß diese Gleichheit gar nicht gestört wird, wenn wir in das Aggregat A außer allen Anzahlen noch eine ganz beliebig zu wählende positive rationale Zahl ω aufnehmen, oder wenn wir aus A beliebige Anzahlen in endlicher Menge herausnehmen; wir können

§ 4. Konvergenz und Divergenz.

auch bemerken, daß bei allen diesen Umänderungen das Aggregat A **sich selbst gleich bleibt**.

Das ist aber sicherlich eine Erscheinung, die mit den Eigenschaften der Gleichheit im Gebiete der rationalen Zahlen im grellsten Widerspruche steht, und sie tritt offenbar immer dann und, wie sich herausstellen wird, nur dann auf, wenn die Bestandteile des Aggregates A über jede Grenze hinauswachsen, sobald man die Anzahl der zur Bildung derselben benützten Glieder gehörig wachsen läßt, d. h. wenn es nach Festlegung einer beliebig groß gewählten positiven Zahl Ω immer noch Bestandteile von A gibt, die größer sind als Ω.

Ist das Aggregat B von derselben Beschaffenheit, so ist der Wortlaut der Gleichheitserklärung für zwei solche Aggregate immer erfüllt und bleibt erfüllt, wenn man in jedes der beiden Aggregate oder in eines derselben ganz beliebig gewählte positive rationale Zahlen aufnimmt oder irgend einen Bestandteil des Aggregates fortnimmt.

Wir müssen daher in diesen Fällen auf die Vergleichung der Aggregate auf dem eingeschlagenen Wege verzichten und scheiden sie deshalb im folgenden ein für alle Male von der Betrachtung aus.

Die Aggregate, die wir in den drei Beispielen betrachteten, zeigen ein wesentlich verschiedenes Verhalten; im 1. Beispiele ist $\frac{1}{1-q}$ eine Zahl, die größer ist als jeder Bestandteil des Aggregates Q, im 2. Beispiele ist $\frac{1}{a}$ eine solche Zahl, im 3. Beispiele $c_0 + 1$.

Es bleiben uns somit als Aggregate, deren Vergleichung durch die WEIERSTRASSsche Erklärung möglicherweise mit gutem Erfolge in Angriff genommen werden kann, nur diejenigen über, deren Bestandteile nicht über alle Grenzen hinausgehen. Wir nennen ein solches additives

I. Additive Aggregate aus unendlich vielen positiv. rationalen Zahlen.

Aggregat von unendlich vielen positiven rationalen Zahlen ein konvergentes und erklären:

3) *Ein additives Aggregat von unendlich vielen positiven rationalen Zahlen konvergiert, wenn es eine positive Zahl g gibt, die größer ist als jeder Bestandteil des Aggregates.*[1])

Diejenigen Aggregate, für welche eine solche Zahl g nicht existiert, nennen wir **divergente**. Die Divergenz eines Aggregates ist nicht immer so handgreiflich, wie in den vorhin betrachteten Fällen; für das Aggregat $1, \frac{1}{2}, \frac{1}{3}, \frac{1}{4}, \frac{1}{5}, \ldots$ aus der Einheit und allen genauen Teilen derselben z. B. bedarf es doch einer Überlegung, um zu erkennen, daß dasselbe divergiert; es genügt hierzu aber die Bemerkung, daß

$$\frac{1}{k+1} + \frac{1}{k+2} + \frac{1}{k+3} + \cdots + \frac{1}{k+k} > \frac{k}{k+k} = \frac{1}{2}$$

ist für $k = 2, 3, 4, \ldots$ in inf.[2])

---

[1]) WEIERSTRASS nennt diese Eigenschaft eines Aggregates das **Kriterium der Endlichkeit**.

[2]) Es gibt kein allgemeines Verfahren, das unter allen Umständen die Konvergenz oder Divergenz eines vorgegebenen Aggregates erkennen ließe, wohl aber gibt es Konvergenzregeln, die in speziellen Fällen gute Dienste leisten, doch fällt deren Entwicklung nicht in den Rahmen dieser Vorlesungen.

Zweite Vorlesung.

Eigenschaften der konvergenten additiven Aggregate aus unendlich vielen positiven rationalen Zahlen.

§ 5. Eine wichtige Folgerung aus der Erklärung der Konvergenz.

Nachdem bei zwei divergenten Aggregaten der Umstand so besonders störend war, daß ihre Gleichheit zu bestehen nicht aufhört, wenn man zu einem derselben eine beliebig groß anzunehmende positive rationale Zahl hinzufügt, muß jetzt wohl nachgesehen werden, wie sich zwei gleiche konvergente Aggregate in dieser Beziehung verhalten; dabei wird sich herausstellen, daß die Gleichheit zwischen ihnen sofort zu bestehen aufhört, wenn man zu einem derselben eine noch so klein anzunehmende positive rationale Zahl hinzufügt.

Um den Nachweis hierfür zu erbringen, wollen wir aus der Konvergenz eines Aggregates eine sehr wichtige Folgerung ziehen, die so ausgesprochen werden kann:

4) *Wenn ein Aggregat von unendlich vielen positiven rationalen Zahlen konvergiert, so muß es immer möglich sein, aus demselben eine endliche Anzahl von Gliedern so abzusondern, daß jeder Bestandteil des übrigbleibenden Aggregates kleiner ist als eine bestimmte, aber beliebig klein anzunehmende, positive rationale Zahl ε (W).*

II. Eigenschaften der konvergenten additiven Aggregate.

Sondern wir aus dem betrachteten konvergenten Aggregate A zunächst die endlich vielen Glieder a ab, welche nicht kleiner sind als ε, bezeichnen ihre Summe mit $T_0 A$ und das übrigbleibende Aggregat mit A_1; wenn in A_1 nicht alle Bestandteile kleiner sind als ε, so gibt es darin Bestandteile, die größer sind als ε, da man ja aus einem Bestandteile, der gleich ε ist, durch Hinzufügung eines noch nicht verwendeten Gliedes a einen Bestandteil bilden kann, der größer ist als ε; wir bezeichnen einen derselben mit $T_1 A_1$ und das übrigbleibende Aggregat mit A_2. Wenn in A_2 noch nicht jeder Bestandteil kleiner ist als ε, so gibt es einen Bestandteil $T_2 A_2 > \varepsilon$; das übrigbleibende Aggregat sei mit A_3 bezeichnet.

Dieser Schluß kann nun wiederholt werden; angenommen, wir haben ihn n mal gemacht, so haben wir n Bestandteile $T_1 A_1, T_2 A_2, \ldots T_n A_n$ von A konstatiert, deren jeder größer ist als ε; ihre Summe $T_1 A_1 + T_2 A_2 + \cdots + T_n A_n$ stellt daher einen Bestandteil von A dar, der größer ist als $n\varepsilon$; da aber der Voraussetzung nach jeder Bestandteil von A kleiner ist als g, so muß

$$n\varepsilon < g$$

sein, d. h. n kann die größte ganze Zahl N, die in $\frac{g}{\varepsilon}$ enthalten ist, nicht überschreiten; im Aggregate A_{N+1} ist somit in der Tat jeder Bestandteil kleiner als ε.[1]

Für die Beispiele von konvergenten Aggregaten, die wir im § 3 betrachtet haben, ist diese Absonderung leicht auszuführen.

Im 1. Beispiele ist nämlich das additive Aggregat aus allen Potenzen von q, deren Exponent größer als ν ist, gleich $\frac{q^{\nu+1}}{1-q}$; im 2. Beispiele ist das additive Aggregat aller Glieder

---

[1] Vgl. meinen Aufsatz „Bemerkung zur Theorie der irrationalen Zahlen" in den Berichten des naturw.-medizin. Vereines in Innsbruck 1887/88.

§ 6. Äußerste Empfindlichkeit der Gleichheit.

$\frac{1}{(a+k-1)(a+k)}$ für $k > \nu$ gleich $\frac{1}{a+\nu}$ und im 3. Beispiele ist jeder Bestandteil des additiven Aggregates der Glieder $\frac{c_{\nu+\varrho}}{n^{\nu+\varrho}}$ ($\varrho = 1, 2, 3, \ldots$), zu dessen Bildung kein Glied mit einem höheren Zeiger als $\nu + \tau$ verwendet wurde, gewiß nicht größer als

$$\frac{n-1}{n^{\nu+1}} + \frac{n-1}{n^{\nu+2}} + \cdots + \frac{n-1}{n^{\nu+\tau}} = \frac{1}{n^\nu} - \frac{1}{n^{\nu+\tau}} < \frac{1}{n^\nu}$$

— woraus, nebenbei bemerkt, zugleich folgt, daß das additive Aggregat aus allen Gliedern $\frac{n-1}{n^{\nu+\varrho}}$ gleich $\frac{1}{n^\nu}$ ist —. Die Zahlen $\frac{q^{\nu+1}}{1-q}$, $\frac{1}{a+\nu}$ und $\frac{1}{n^\nu}$ können aber gewiß dadurch kleiner gemacht werden als ein bestimmtes, beliebig klein anzunehmendes ε, das man ν größer als eine gehörig groß gewählte Anzahl $\mathfrak{N}$ macht.

§ 6. Äußerste Empfindlichkeit der Gleichheit zweier konvergenter additiver Aggregate.

Nun ist leicht zu zeigen, daß die Gleichheit der konvergenten additiven Aggregate A und B sofort aufhört zu bestehen, wenn man zu einem derselben, etwa zu A, eine beliebig klein anzunehmende positive rationale Zahl α hinzufügt; bezeichnen wir das dadurch entstehende Aggregat mit $A + \alpha$, so enthält dasselbe Bestandteile, die nicht mehr Bestandteile von B sind. Nach dem eben bewiesenen Satze kann man nämlich aus B eine endliche Anzahl von Gliedern, deren Summe mit $\widetilde{T}B$ bezeichnet werden mag, so absondern, daß im übrigbleibenden Aggregate $\widetilde{B}$ jeder Bestandteil $T\widetilde{B} < \alpha$ ist. Da aber $A = B$ vorausgesetzt wurde, so gibt es in A Bestandteile, welche größer sind als $\widetilde{T}B$; ist $\overline{T}A$ ein solcher, so ist offenbar $\overline{T}A + \alpha$ ein Bestandteil von $A + \alpha$, der größer ist als jeder Bestandteil von B, d. h. $A + \alpha$ ist nicht mehr gleich B. Die Gleichheit zwischen konvergenten additiven Aggregaten, wie sie die WEIERSTRASSsche Erklärung definiert, ist daher eine **unendlich empfindliche**, ein Umstand, durch den unser Vertrauen auf den Wert dieser Erklärung sehr gefestigt wird.

Es soll aber auch noch dem Bedenken Rechnung getragen werden, ob diese Gleichheitserklärung die **einzig mögliche** ist, oder ob man vielleicht durch Überlegungen anderer Art zu einer von ihr wesentlich verschiedenen gelangen könnte. Daß dies nicht möglich ist, läßt sich, wie folgt, erkennen. In jeder Gleichheitserklärung für additive Aggregate, welche die im Gebiete der rationalen Zahlen geltende in sich enthalten soll, muß die Bedingung auftreten: jeder Bestandteil des einen Aggregates muß auch Bestandteil des anderen sein, und jede vernünftige Gleichheitserklärung muß so beschaffen sein, daß die durch sie bedingte Gleichheit zweier Aggregate sofort aufhört zu bestehen, wenn zu einem derselben eine wenn auch noch so kleine positive rationale Zahl hinzugefügt oder von demselben weggenommen wird; nun macht aber für konvergente additive Aggregate die erste, notwendige, Bedingung allein schon den ganzen Inhalt der WEIERSTRASSschen Gleichheitserklärung aus, folglich gibt es für konvergente Aggregate keine von ihr inhaltlich verschiedene.

§ 7. Die Erklärung des Größer- und Kleiner-Seins; ein Kriterium für die Gleichheit zweier Aggregate.

An die Erklärung der Gleichheit zweier konvergenter additiver Aggregate schließt sich naturgemäß die Erklärung des Größer- bzw. Kleiner-Seins an; dieselbe lautet nach WEIERSTRASS so:

5) *A wird als größer erklärt denn B, wenn es Bestandteile enthält, die größer sind als jeder Bestandteil von B;* und

A wird als kleiner erklärt denn B, wenn B Bestandteile enthält, die größer sind als jeder Bestandteil von A.

§ 7. Größer- und Kleiner-Sein.

Hieraus folgt sofort: ist $A > B$ und $B > C$, so ist auch $A > C$ und weiter:

6) *Ist $A > B$, so ist für hinreichende kleine positive rationale Werte von β auch $A > B + \beta$.*

Ist nämlich $\tilde{T}A$ größer als jeder Bestandteil TB, und $\tilde{a}$ ein Glied von A, welches bei der Bildung von $\tilde{T}A$ nicht benützt wurde, so ist, wenn $\beta < \tilde{a}$ gewählt wird,
$$\tilde{T}A + \tilde{a} > TB + \beta,$$
d. h. aber doch: A enthält einen Bestandteil, der größer ist als jeder Bestandteil des Aggregates $B + \beta$, also ist $A > B + \beta$.

Aus dieser Bemerkung entnimmt man leicht die Begründung eines von WEIERSTRASS angegebenen Kriteriums für die Gleichheit zweier Aggregate A und B, welches oft gute Dienste leistet.

Dasselbe lautet so:

7) *Bezeichnen α und β beliebig klein anzunehmende positive rationale Zahlen und ist*
$$A + \alpha > B \quad \text{und} \quad A < B + \beta$$
so ist notwendig $A = B$.

Wäre nämlich $A > B$, so wäre, wie soeben gezeigt wurde, für hinreichend kleine β auch noch $A > B + \beta$; dies widerspricht aber der Voraussetzung. Wäre anderseits $A < B$, so wäre für hinreichend kleine α, entgegen der Voraussetzung, auch noch $A + \alpha < B$; also muß $A = B$ sein.

Aus 5) folgt: wenn jeder Bestandteil $T\bar{A}$ eines konvergenten Aggregates $\bar{A}$ kleiner ist als ε, so ist $\bar{A}$ selbst gewiß nicht größer als ε; nachdem wir nun wissen, daß ein konvergentes Aggregat durch Entfernung eines Bestandteiles desselben kleiner wird, so können wir aus $\bar{A}$ durch Absonderung eines darin enthaltenen Gliedes $\bar{a}$ sofort ein Aggregat $\bar{A}$ erzeugen, welches kleiner ist als ε. Man kann demzufolge nach 4) auch behaupten:

II. Eigenschaften der konvergenten additiven Aggregate.

8) *Es muß stets möglich sein, aus einem konvergenten additiven Aggregate A von unendlich vielen positiven rationalen Zahlen einen Bestandteil $\overline{T}A$ so abzusondern, daß nicht nur jeder Bestandteil $T\overline{A}$ des übrigbleibenden Aggregates $\overline{A}$, sondern auch das ganze übrigbleibende Aggregat $\overline{A}$ kleiner ist als eine bestimmte, beliebig klein anzunehmende, positive rationale Zahl ε (W).*

§ 8. Darstellung eines konvergenten additiven Aggregates durch einen systematischen Bruch.

Gestützt auf diese Bemerkung, wollen wir jetzt versuchen zu bestimmen, wie oft in einem konvergenten additiven Aggregate A, welches man so weit beherrscht, daß man zu jedem bestimmten, noch so kleinen ε einen Bestandteil $\overline{T}A$ wirklich so absondern kann, daß das übrigbleibende Aggregat $\overline{A} < \varepsilon$ ist, der genaue Teil $\frac{1}{n^k}$ der Einheit enthalten ist. Wir sondern hierzu zunächst einen Bestandteil $T'A$ so ab, daß das übrigbleibende Aggregat

$$A' < \frac{1}{n^{k+1}}$$

ist; dann ermitteln wir, wie oft $\frac{1}{n^{k+1}}$ in der rationalen Zahl $T'A$ enthalten ist; dabei ergibt sich

$$T'A = \frac{q_{k+1}}{n^{k+1}} + \frac{\gamma_{k+1}}{n^{k+1}},$$

wobei q_{k+1} eine Anzahl, γ_{k+1} eine nicht negative rationale Zahl kleiner als 1 bezeichnet. Wir heben weiter aus q_{k+1} das größte darin enthaltene Vielfache von n heraus, setzen also

$$q_{k+1} = c_k n + \beta_{k+1}, \quad \text{wobei} \quad 0 \leq \beta_{k+1} \leq n-1 \text{ ist.}$$

Somit erhält das gegebene Aggregat folgende Gestalt:

$$A = \frac{c_k}{n^k} + \frac{\beta_{k+1} + \gamma_{k+1}}{n^{k+1}} + A'.$$

§ 8. Darstellung eines konv. addit. Aggr. durch einen systemat. Bruch. 25

Da nun
$$\frac{\gamma_{k+1}}{n^{k+1}} + A' < \frac{2}{n^{k+1}}$$
ist, so ersieht man, wenn
$$\beta_{k+1} \leq n-2$$
ist, daß
$$\frac{\beta_{k+1} + \gamma_{k+1}}{n^{k+1}} + A' < \frac{1}{n^k},$$
d. h. es ist dann entschieden, daß $\frac{1}{n^k}$ in A genau c_k mal enthalten ist. Ist aber $\beta_{k+1} = n-1$, so erfahren wir nicht, ob $\frac{n-1+\gamma_{k+1}}{n^{k+1}} + A'$ noch $\frac{1}{n^k}$ enthält oder nicht, da
$$\frac{\gamma_{k+1}}{n^{k+1}} + A' > \frac{1}{n^{k+1}}$$
sein kann; wir erfahren nur, daß
$$\frac{n-1+\gamma_{k+1}}{n^{k+1}} + A' < \frac{n+1}{n^{k+1}},$$
also
$$A < \frac{c_k}{n^k} + \frac{n+1}{n^{k+1}} \text{ ist.}$$

Um auch in diesem Falle die Entscheidung herbeizuführen, werden wir aus dem Aggregate $\frac{\gamma_{k+1}}{n^{k+1}} + A'$ einen Bestandteil $T''\left(\frac{\gamma_{k+1}}{n^{k+1}} + A'\right)$ so absondern, daß das übrigbleibende Aggregat $A'' < \frac{1}{n^{k+2}}$ ist. Jetzt verfahren wir ganz analog wie vorhin; wir setzen
$$T''\left(\frac{\gamma_{k+1}}{n^{k+1}} + A'\right) = \frac{q_{k+2}}{n^{k+2}} + \frac{\gamma_{k+2}}{n^{k+2}},$$
wobei q_{k+2} eine Anzahl bezeichnet und $\gamma_{k+2} < 1$ ist; wir setzen ferner
$$q_{k+2} = c_{k+1} n + \beta_{k+2}$$
d. h. wir heben aus q_{k+2} das größte darin enthaltene Vielfache von n heraus und bezeichnen den Rest mit β_{k+2}, so daß $\beta_{k+2} \leq n-1$ ist. Damit erhalten wir

II. Eigenschaften der konvergenten additiven Aggregate.

$$A = \frac{c_k}{n^k} + \frac{n-1}{n^{k+1}} + \frac{c_{k+1}}{n^{k+1}} + \frac{\beta_{k+2}+\gamma_{k+2}}{n^{k+2}} + A''$$

und ersehen sofort, daß c_{k+1} nur die Werte 0 und 1 annehmen kann, da ja $\frac{c_k}{n^k} + \frac{n-1}{n^{k+1}} + \frac{2}{n^{k+1}}$ schon größer als A ist. Ist nun $c_{k+1} = 1$, so ist die Entscheidung erreicht, daß $\frac{1}{n^k}$ in A (c_k+1)mal enthalten ist; ist $c_{k+1}=0$ und zugleich $\beta_{k+2} \leq n-2$, so wird:

$$A < \frac{c_k}{n^k} + \frac{n-1}{n^{k+1}} + \frac{n}{n^{k+2}} < \frac{c_k+1}{n^k},$$

d. h. es ist entschieden, daß $\frac{1}{n^k}$ nur c_k mal in A enthalten ist. Die Entscheidung wird aber nicht erlangt, wenn $c_{k+1}=0$ und zugleich $\beta_{k+2} = n-1$; dann ist nämlich

$$A = \frac{c_k}{n^k} + \frac{n-1}{n^{k+1}} + \frac{n-1+\gamma_{k+2}}{n^{k+2}} + A''$$

und man weiß nur, daß

$$\frac{n-1+\gamma_{k+2}}{n^{k+2}} + A'' < \frac{n-1+2}{n^{k+2}} = \frac{n+1}{n^{k+2}}$$

also

$$A < \frac{c_k}{n^k} + \frac{n-1}{n^{k+1}} + \frac{n-1}{n^{k+2}} + \frac{2}{n^{k+2}}$$

ist. Nun wird man von dem Aggregate $\frac{\gamma_{k+2}}{n^{k+2}} + A''$ einen Bestandteil $T'''\left(\frac{\gamma_{k+2}}{n^{k+2}} + A''\right)$ so absondern, daß das übrigbleibende Aggregat $A''' < \frac{1}{n^{k+3}}$ ist. Man erhält dann analog wie oben

$$A = \frac{c_k}{n^k} + \frac{n-1}{n^{k+1}} + \frac{n-1}{n^{k+2}} + \frac{c_{k+2}}{n^{k+2}} + \frac{\beta_{k+3}+\gamma_{k+3}}{n^{k+3}} + A''';$$

dabei ist ersichtlich die Anzahl $c_{k+2} < 2$, die Anzahl $\beta_{k+3} < n$, und die nicht negative rationale Zahl $\gamma_{k+3} < 1$. Ist $c_{k+2} = 1$, so ist die Entscheidung erlangt, daß $\frac{1}{n^k}$ (c_k+1)mal in A enthalten ist; ist $c_{k+2} = 0$ und $\beta_{k+3} \leq n-2$, so ist damit entschieden, daß $\frac{1}{n^k}$ nur c_k mal in A enthalten ist. Die Ent-

§ 9. Summen-Charakter der konvergenten additiven Aggregate. 27

scheidung wird aber wieder nicht erreicht, wenn $c_{k+2} = 0$ und zugleich $\beta_{k+3} = n-1$ ist. Man kann nun allerdings das Verfahren fortsetzen, muß aber die Möglichkeit zugeben, daß jedesmal der Ausnahmsfall eintritt, in welchem die Entscheidung nicht erlangt wird, nämlich daß $c_{k+i} = 0$ und $\beta_{k+i+1} = n-1$ wird, wie groß auch i genommen werden mag, so daß die Entscheidung nie erreicht werden kann, ob $\frac{1}{n^k} c_k$ mal oder $(c_k + 1)$ mal in A enthalten ist. Allerdings kann man bemerken, wenn alle $c_{k+i} = 0$ sind $(i = 1, 2, 3, \ldots)$ und alle $\beta_{k+i+1} = n-1$, so ist $A = \frac{c_k + 1}{n^k}$, da das Aggregat aus allen Zahlen $\frac{n-1}{n^{k+i}}$ gleich $\frac{1}{n^k}$ ist; es ist also A gleich einer rationalen Zahl; die Entscheidung darüber, ob dies der Fall sei oder nicht, kann aber jedenfalls nur aus der Definition des Aggregates geholt werden; wir bemerken daher:

9) *Es kann der Fall eintreten, daß durch mechanische Rechnung die Entscheidung nicht erzwungen werden kann, ob $\frac{1}{n^k}$ in A c_k mal oder $(c_k + 1)$ mal enthalten ist.*

§ 9. Die konvergenten additiven Aggregate haben den Charakter einer Summe; Erklärung des Ausdruckes „Summe von unendlich vielen positiven rationalen Zahlen" und der Bezeichnung $\sum\limits_{\nu=0}^{\infty} a_\nu$.

Sind die Glieder eines konvergenten additiven Aggregates ein-eindeutig auf die aufeinanderfolgenden Anzahlen 1, 2, 3, ... bezogen, so bezeichnet man das Aggregat mit dieser bestimmten Aufeinanderfolge seiner Glieder wohl auch als unendliche Reihe; trifft man überhaupt eine andere Anordnung der Glieder, bei der aber jedes wieder erscheint, so wird dadurch offenbar an den Bestandteilen des Aggregates nichts

28 II. Eigenschaften der konvergenten additiven Aggregate.

geändert, d. h. das Aggregat ist unabhängig von der Anordnung seiner Glieder. Es ist aber auch unabhängig von der Gruppierung seiner Glieder.

Bildet man nämlich aus den sämtlichen Gliedern a eines konvergenten additiven Aggregates $A \equiv \{a\}$ endlich oder unendlich viele Gruppen, g sei der Repräsentant einer solchen, indem man jedes a in eine aber nur eine Gruppe aufnimmt, und bezeichnet das additive Aggregat aus allen diesen Aggregaten g mit $\mathfrak{G}$, so gilt nach WEIERSTRASS folgendes:

10) *1. Jedes Aggregat* g, *welches unendlich viele Glieder a enhält, konvergiert.*

2. Das Aggregat $\mathfrak{G}$ aus allen Aggregaten g *konvergiert.*

3. $\mathfrak{G}$ ist gleich dem ursprünglichen Aggregate A.

Jeder Bestandteil eines Aggregates g und ebenso jeder Bestandteil von $\mathfrak{G}$ ist ja auch ein Bestandteil von A, da ja zu seiner Bildung nur endlich viele a verwendet werden; der Voraussetzung nach gibt es aber eine Zahl g, größer als jeder Bestandteil TA. Es ist aber auch umgekehrt jeder Bestandteil von A Bestandteil von $\mathfrak{G}$, da jedes a in einem Aggregate g auftritt.

Um dafür ein Beispiel zu geben, betrachten wir das additive Aggregat der unendlich vielen Zahlen, welche der Ausdruck

$$\frac{1}{2^\lambda \cdot 3^\mu}$$

liefert, wenn man λ und μ unabhängig voneinander die Reihe der Anzahlen $1, 2, 3, \ldots$ durchlaufen läßt. Die Konvergenz dieses Aggregates ist leicht festzustellen; zur Bildung eines Bestandteiles kommen nur endlich viele Glieder zur Verwendung; in diesen treten nur endlich viele Werte von λ und ebenso von μ auf; ist l der größte Wert, den λ, m der größte Wert, den μ annimmt, so ist ein solcher Bestandteil gewiß nicht größer als das Produkt:

§ 9. Summen-Charakter der konvergenten additiven Aggregate.

$$\left(\frac{1}{2}+\frac{1}{2^2}+\cdots+\frac{1}{2^l}\right)\left(\frac{1}{3}+\frac{1}{3^2}+\cdots+\frac{1}{3^m}\right)=$$
$$=\left(1-\frac{1}{2^l}\right)\left(\frac{1}{2}-\frac{1}{2\cdot 3^m}\right)<\frac{1}{2};$$

es ist somit $\frac{1}{2}$ größer als jeder Bestandteil des Aggregates. Nun können wir alle Zahlen $\frac{1}{2\cdot 3^\mu}$ ($\mu = 1, 2, 3, \ldots$) in eine Gruppe g_1 zusammenfassen, alle Zahlen $\frac{1}{2^2 3^\mu}$ in eine Gruppe g_2 usf., alle Zahlen $\frac{1}{2^\lambda 3^\mu}$ in eine Gruppe g_λ. Das Aggregat g_λ ist aber, wie im 1. Beispiele § 3 gezeigt wurde, gleich $\frac{1}{2^{\lambda+1}}$; also ist das betrachtete Aggregat $\left\{\frac{1}{2^\lambda 3^\mu}\right\}$ gleich dem Aggregate der unendlich vielen Zahlen: $\frac{1}{2^2}, \frac{1}{2^3}, \frac{1}{2^4}, \frac{1}{2^5} \ldots$; dieses ist aber nach dem erwähnten Beispiele für $q=\frac{1}{2}$ gleich $\frac{1}{2}$, ein Resultat, welches allerdings auch aus der Begrenzung der Bestandteile hätte entnommen werden können.

Die unter **10)** angeführten Eigenschaften eines konvergenten additiven Aggregates von unendlich vielen positiven rationalen Zahlen zeigen in der Tat, daß ein solches Aggregat den Charakter einer Summe hat, und rechtfertigen den Gebrauch des Wortes Summe. Wenn man also von einer **Summe von unendlich vielen positiven rationalen Zahlen** spricht, so ist darunter eigentlich nur zu verstehen, daß das additive Aggregat aus allen diesen Zahlen konvergiere; man kann aber auch jedes dem betrachteten Aggregate gleiche Aggregat als Summe des ersteren bezeichnen; dies ist wohl nur dann üblich, wenn das letztere Aggregat eine rationale Zahl ist oder ein systematisch geordnetes Aggregat, dessen Glieder die Form

$$c_0, \quad \frac{c_1}{n}, \quad \frac{c_2}{n^2}, \ldots \frac{c_\nu}{n^\nu}, \ldots$$

haben, wobei für $\nu \geq 1$ $0 \leq c_\nu \leq n-1$ ist.

II. Eigenschaften der konvergenten additiven Aggregate.

Mit dem Gebrauch des Wortes Summe für konvergente Aggregate geht Hand in Hand auch die Ausdehnung des Gebrauches der Summensymbole; so bezeichnet man z. B. das additive Aggregat aus allen Potenzen q^n ($q < 1$, $n = 0, 1, 2, \ldots$) mit
$$1 + q + q^2 + q^3 + \cdots \text{ in inf.}$$
oder schreibt geradezu
$$\sum_{n=0}^{\infty} q^n.$$

Analog würde man das oben betrachtete Aggregat der Zahlen $\frac{1}{2^\lambda 3^\mu}$ bezeichnen als Doppelsumme:
$$\sum_{\lambda=1}^{\infty} \sum_{\mu=1}^{\infty} \frac{1}{2^\lambda \cdot 3^\mu}.$$

Dritte Vorlesung.

Rechnungsoperationen mit konvergenten additiven Aggregaten aus unendlich vielen positiven rationalen Zahlen.

§ 10. Die Addition.

Nachdem wir die Erklärung der Gleichheit für konvergente additive Aggregate von unendlich vielen positiven rationalen Zahlen festgestellt haben, können wir daran gehen zu untersuchen, ob sich auch die vier arithmetischen Grundoperationen im Gebiete der rationalen Zahlen auf solche Aggregate ausdehnen lassen.

Unter der Summe zweier konvergenter additiver Aggregate

$$A \equiv \{a\} \quad \text{und} \quad B \equiv \{b\}$$

verstehen wir dasjenige additive Aggregat, welches aus allen a und b gebildet wird, und bezeichnen dasselbe mit $\{a, b\}$; demnach wird $A + B$ erklärt durch $\{a, b\}$; es ist unmittelbar klar, daß das neugebildete Aggregat konvergiert, denn jeder Bestandteil desselben setzt sich zusammen aus einem Bestandteile TA und einem Bestandteile TB. Der Voraussetzung nach gibt es aber positive rationale Zahlen g und h so beschaffen, daß jeder $TA < g$ und jeder $TB < h$ ist: folglich ist auch jeder Bestandteil

$$T\{a, b\} < g + h.$$

III. Rechnungsoperationen mit konvergenten additiven Aggregaten.

Wird zwischen den rationalen Zahlen a und b eine ein-eindeutige Zuordnung hergestellt — eventuell mit Benutzung von beliebig vielen Nullen —, so ist nach § 9 **10)**

$$\{a, b\} = \{a + b\},$$

wobei in $a + b$ zwei einander entsprechende Zahlen zusammentreten.

Nach der Erklärung der Gleichheit ist:

$$A + B = B + A.$$

Liegen drei konvergente additive Aggregate $A \equiv \{a\}$, $B \equiv \{b\}$ und $C \equiv \{c\}$ vor, so haben wir, um $A + B + C$ zu erhalten, das Aggregat zu bilden, welches aus allen Gliedern von $\{a, b\}$ und allen Gliedern von $\{c\}$ besteht; wir bezeichnen dasselbe mit $\{a, b, c\}$ und ersehen sofort, daß die Summe von drei konvergenten Aggregaten wieder durch ein konvergentes Aggregat dargestellt wird und von der Anordnung der Summanden unabhängig ist; bei ein-eindeutiger Zuordnung der a, b, c ist $\{a, b, c\} = \{a + b + c\}$. Dies überträgt sich ohne weiteres auf die Summe von beliebig endlich vielen konvergenten Aggregaten

$$A' \equiv \{a'\}, \quad A'' \equiv \{a''\}, \ldots A^{(n)} \equiv \{a^{(n)}\}.$$

Das Aggregat aus allen a', allen a'', ..., allen $a^{(n)}$, welches wir durch

$$\{a', a'', \ldots a^{(n)}\}$$

bezeichnen, konvergiert und stellt die Summe $A' + A'' + \cdots + A^{(n)}$ dar, die unabhängig ist von der Gruppierung der Summanden [§ 9 **10)**]; bei ein-eindeutiger Zuordnung der a', a'', ... $a^{(n)}$ ist

$$\{a', a'', \ldots a^{(n)}\} = \{a' + a'' + \cdots + a^{(n)}\}.$$

Sind unendlich viele Aggregate A gegeben und konvergiert das Aggregat aus allen Aggregaten A, welches wir durch $\{\{a\}\}$ bezeichnen, so stellt dasselbe die Summe aller dieser

Aggregate dar. So konvergiert z. B. das Aggregat aus allen Potenzen des Aggregates:

$$Q \equiv \frac{1}{3^2} + \frac{1}{4^2} + \frac{1}{5^2} + \cdots \text{ in inf. } < \frac{1}{2}$$

und stellt die Summe $Q + Q^2 + \cdots$ in inf. dar.

§ 11. Die Subtraktion.

Ist $A > B$, so gibt es ein Aggregat C, für welches $B + C = A$ ist; es wird durch $A - B$ bezeichnet und heißt die Differenz zwischen A und B. Gelingt es, jedem Gliede a von A oder einer passend gebildeten Gruppe $\mathfrak{g}$ von Gliedern a ein Glied b oder eine passend gebildete Gruppe $\mathfrak{h}$ von Gliedern b so zuzuordnen, daß immer $\mathfrak{g} \geq \mathfrak{h}$ ist, so konvergiert selbstverständlich das Aggregat aus allen Differenzen $\mathfrak{g} - \mathfrak{h}$ und stellt das gesuchte Aggregat C dar. Dies ist z. B. möglich, wenn

$$A \equiv \sum_{n=1}^{\infty} \frac{1}{n(n+1)} \quad \text{und} \quad B \equiv \sum_{n=1}^{\infty} \frac{1}{(n+1)^3}$$

ist; dann wird:

$$\frac{1}{n(n+1)} - \frac{1}{(n+1)^3} = \frac{n^2 + n + 1}{n(n+1)^3} < \frac{1}{n(n+1)}$$

und

$$\sum_{n=1}^{\infty} \frac{n^2 + n + 1}{n(n+1)^3}$$

ist das gesuchte Aggregat C. Ist dies nicht möglich, dann wird man, um die Existenz des Aggregates C nachzuweisen, etwa so verfahren: es gibt eine kleinste Anzahl $c_0 + 1$, so beschaffen, daß:

$$B + c_0 \leq A < B + c_0 + 1 \text{ ist};$$

tritt links die Gleichheit ein, so ist c_0 das gesuchte C; tritt die Gleichheit nicht ein, so gibt es ein kleinstes Vielfaches von

$\frac{1}{n}$ ($n > 1$) — wir bezeichnen es mit $\frac{c_1+1}{n}$ ($0 \leq c_1 \leq n-1$) — so beschaffen, daß

$$B + c_0 + \frac{c_1}{n} \leq A < B + c_0 \frac{c_1+1}{n} \text{ ist;}$$

tritt links die Gleichheit ein, so ist $c_0 + \frac{c_1}{n}$ das gesuchte C; ist dies nicht der Fall, so wird man den Schluß wiederholen und konstatiert damit die Existenz eines konvergenten Aggregates

$$c_0 + \frac{c_1}{n} + \frac{c_2}{n} + \cdots \text{ in inf.}$$

so beschaffen, daß für jedes ganzzahlige ν

$$B + c_0 + \frac{c_1}{n} + \frac{c_2}{n^2} + \cdots + \frac{c_\nu}{n^\nu} < A < B + c_0 + \frac{c_1}{n} + \frac{c_2}{n^2} + \cdots + \frac{c_\nu+1}{n^\nu}$$

ist. Allerdings ist dabei nicht zu übersehen, daß bei der Bestimmung dieser Zahlen c_ν die unter § 8 9) erwähnte Schwierigkeit eintreten kann.

Nun läßt sich in der Tat zeigen, daß das Aggregat $\sum_{\nu=0}^{\infty} \frac{c_\nu}{n^\nu}$ die gesuchte Größe C ist. Bezeichnen wir dasselbe für den Augenblick mit $\bar{C}$, so ist aus der vorstehenden Ungleichung sofort zu ersehen, daß

$$B + \bar{C} \leq A,$$

und weiter, daß die Annahme $B + \bar{C} < A$ mit der Ungleichung

$$A < B + c_0 + \frac{c_1}{n} + \frac{c_2}{n^2} + \cdots + \frac{c_\nu+1}{n^\nu}$$

im Widerspruche steht; denn nach § 7 6) ist für hinreichend große Werte von ν mit $B + \bar{C} < A$ zugleich auch

$$B + \bar{C} + \frac{1}{n^\nu} < A;$$

folglich ist

$$B + \bar{C} = A.$$

§ 12. Die Multiplikation.

Die Summe aus n konvergenten Aggregaten, deren jedes $A \equiv \{a\}$ ist, wird nach dem Prinzipe der Gruppenbildung durch das Aggregat $\{na\}$ dargestellt; ersetzt man in dem Aggregate $\{a\}$, d. h. in jeder der Zahlen a die Einheit durch die Anzahl n, so ist das Resultat ebenfalls das Aggregat $\{na\}$, dessen Konvergenz außer Zweifel steht.

Wendet man die für die Multiplikation positiver rationaler Zahlen eingeführten Bezeichnungen auch auf konvergente Aggregate an, so sind die Symbole nA und An durch das Aggregat $\{na\}$ zu erklären, d. h.

11) *Ein konvergentes additives Aggregat von unendlich vielen positiven rationalen Zahlen wird mit einer Anzahl multipliziert, indem man jedes Glied des Aggregates mit dieser Anzahl multipliziert.*

Hieraus folgt sofort, daß

$$n\left\{\frac{a}{n}\right\} = \left\{\frac{a}{n}\right\}n = A \quad \text{ist.}$$

Es gibt also ein konvergentes Aggregat, nämlich $\left\{\frac{a}{n}\right\}$, welches, mit n multipliziert, A liefert; demnach werden die Symbole $\frac{1}{n}A$, $\frac{A}{n}$, $A\frac{1}{n}$ durch das Aggregat $\left\{\frac{a}{n}\right\}$ erklärt.

Unter $\frac{m}{n}A$ ist die Zahl zu verstehen, welche entsteht, wenn man in $\frac{m}{n}$ die Einheit durch A ersetzt; das ist aber $m\left\{\frac{a}{n}\right\}$, also nach **11)** $\left\{\frac{m}{n}a\right\}$. Unter $A\frac{m}{n}$ ist das Resultat zu verstehen, welches sich ergibt, wenn man in A die Einheit durch $\frac{m}{n}$ ersetzt: das ist aber eben auch das Aggregat $\left\{\frac{m}{n}a\right\}$; demnach sind die Symbole $\frac{m}{n}A$ und $A\frac{m}{n}$ durch das Aggregat $\left\{\frac{m}{n}a\right\}$ zu erklären, d. h.

12) *Ein konvergentes additives Aggregat von unendlich vielen positiven rationalen Zahlen wird mit einer positiven rationalen Zahl multipliziert, indem man jedes Glied des Aggregates mit derselben multipliziert.*

Ist $B \equiv \{b\}$ ein zweites konvergentes Aggregat, so läßt sich nun das Resultat angeben, welches man erhält, wenn man in A die Einheit durch B ersetzt; es ist offenbar das Aggregat aus allen Aggregaten aB, also nach dem Vorhergehenden das Aggregat $\{ab\}$ aus allen Produkten ab. Es läßt sich demnach die Erklärung der Multiplikation im Gebiete der positiven rationalen Zahlen auch noch ausdehnen auf das Gebiet der konvergenten Aggregate. Würde man in B die Einheit durch A ersetzen, so erhielte man das Aggregat aus allen Aggregaten bA, somit das Aggregat $\{ba\}$ aus allen Produkten ba, welches mit dem Vorhergehenden gleich ist.

Es bleibt nur noch zu zeigen, daß dieses so gebildete Aggregat konvergiert unter der Voraussetzung, daß jeder $TA < g$ und jeder $TB < h$ ist. Ein Bestandteil des Aggregates $\{ab\}$ nimmt nur endlich viele a und nur endlich viele b in Anspruch; die Summe der ersteren ist aber kleiner als g, die Summe der letzteren kleiner als h, folglich ist jeder

$$T\{ab\} < gh.$$

Wir stellen also fest:

13) *Sind $A \equiv \{a\}$ und $B \equiv \{b\}$ konvergente additive Aggregate von unendlich vielen positiven rationalen Zahlen, so werden die Produkte AB und BA durch das konvergente additive Aggregat $\{ab\}$ dargestellt.*

Dasselbe Resultat ergibt sich auch, wenn man die Multiplikation als eine Operation auffaßt, durch welche aus zwei Zahlen u und v eine dritte $\vartheta(u, v)$ abgeleitet wird, die den Bedingungen

(1) $\qquad\qquad \vartheta(1, u) = \vartheta(u, 1) = u$
(2) $\qquad\qquad \vartheta(u, v + w) = \vartheta(u, v) + \vartheta(u, w)$

(3) $$\vartheta(u+v, w) = \vartheta(u, w) + \vartheta(v, w)$$

genügt, von welchen die zweite als „Distributivität nach vorwärts", die dritte als „Distributivität nach rückwärts" bezeichnet wird. Denn nach (2) ist das Produkt AB zu erklären durch das Aggregat aus allen noch zu erklärenden Produkten Ab, wobei b ein einzelnes Glied von B bedeutet; jedes solche Produkt Ab ist nun nach (3) zu erklären durch das Aggregat aus allen Produkten ab, wobei a über alle Glieder von A zu erstrecken ist. Somit ist AB zu erklären durch das Aggregat $\{ab\}$ aus allen Produkten ab, erstreckt über alle a und alle b. Es ist leicht zu ersehen, daß das Produkt BA durch dasselbe Aggregat $\{ab\}$ erklärt wird.

Ebenso wird das Produkt ABC aus drei konvergenten Aggregaten durch das konvergente Aggregat $\{abc\}$ aller Produkte abc dargestellt und ist demnach von der Aufeinanderfolge der Faktoren unabhängig. Es wird auch das Produkt aus einer beliebigen endlichen Anzahl von konvergenten Aggregaten

$$A' \equiv \{a'\},\ A'' \equiv \{a''\},\ \ldots A^{(k)} \equiv \{a^{(k)}\}$$

erklärt durch das konvergente Aggregat $\{a'.a''\ldots a^{(k)}\}$ aus allen Produkten $a'.a''\ldots a^{(k)}$ und daher auch insbesondere die k^{te} Potenz jedes konvergenten additiven Aggregates wieder durch ein solches Aggregat dargestellt.

§ 13. Die Division.

Wenn es ein konvergentes additives Aggregat C gibt, welches die Forderung $A = BC$ erfüllt, so bezeichnen wir dasselbe durch $\frac{A}{B}$ oder $A:B$ und sagen, daß durch dasselbe der Quotient aus A durch B dargestellt werde.

Die Existenz eines solchen Aggregates wird so gezeigt: es gibt eine kleinste Anzahl $c_0 + 1$, so beschaffen, daß

III. Rechnungsoperationen mit konvergenten additiven Aggregaten.

$$Bc_0 \leq A < B(c_0 + 1)$$

ist; tritt links die Gleichheit ein, so ist c_0 die gesuchte Größe C; tritt sie nicht ein, so gibt es im Intervalle $0 \leq c_1 \leq n-1$ eine Anzahl c_1, so beschaffen, daß

$$B\left(c_0 + \frac{c_1}{n}\right) \leq A < B\left(c_0 + \frac{c_1+1}{n}\right)$$

ist. Tritt links nicht die Gleichheit ein, so setzen wir den Schluß fort und kommen zur Kenntnis eines konvergenten Aggregates:

$$c_0 + \frac{c_1}{n} + \frac{c_2}{n^2} + \cdots + \frac{c_\nu}{n^\nu} + \cdots,$$

für welches

$$B\left(c_0 + \frac{c_1}{n} + \frac{c_2}{n^2} + \cdots + \frac{c_\nu}{n^\nu}\right) < A < B\left(c_0 + \frac{c_1}{n} + \frac{c_2}{n^2} + \cdots + \frac{c_\nu+1}{n^\nu}\right)$$

ist, und zwar für jedes ganzzahlige ν. Bezeichnen wir dieses Aggregat mit C, so ist in der Tat leicht zu zeigen, daß $BC = A$ ist. Der Ungleichung $B\left(c_0 + \frac{c_1}{n} + \cdots + \frac{c_\nu}{n^\nu}\right) < A$ zufolge ist nämlich $BC \leq A$, weil jeder Bestandteil von BC in A enthalten ist. Wäre nun $BC < A$, so wäre nach § 7 6) für hinreichend große Werte von ν auch $B\left(C + \frac{1}{n^\nu}\right) < A$; dies widerspricht aber der Ungleichung $B\left(c_0 + \frac{c_1}{n} + \cdots + \frac{c_\nu+1}{n^\nu}\right) > A$, also muß $BC = A$ sein.

Auch hier ist wieder zu bemerken, daß bei der Bestimmung der Zahlen $c_0, c_1, c_2, \ldots$ die unter § 8 9) angegebene Schwierigkeit eintreten kann; es wird sich aber in der nächsten Vorlesung ein Verfahren zur Ausführung der Division ergeben, welches von diesem Mangel frei ist.

§ 14. Erweiterung des Zahlbegriffes durch Aufnahme der konvergenten additiven Aggregate aus unendlich vielen positiven rationalen Zahlen; Nachweis der Existenz der k^{ten} Wurzel aus einer positiven rationalen Zahl, die nicht selbst die k^{te} Potenz einer solchen ist.

Nachdem wir erkannt haben, daß die arithmetischen Grundoperationen im Gebiete der positiven rationalen Zahlen auch auf die konvergenten additiven Aggregate von unendlich vielen positiven rationalen Zahlen ausgedehnt werden können, erweitern wir nun in der Tat das Zahlengebiet in dem Sinne, daß wir jetzt auch die konvergenten additiven Aggregate als Zahlen bezeichnen, so daß das erweiterte Zahlengebiet die rationalen Zahlen und die konvergenten additiven Aggregate aus unendlich vielen positiven rationalen Zahlen, die man auch als positive irrationale Zahlen bezeichnet, umfaßt.

Nun ist leicht zu zeigen, daß es in diesem erweiterten Gebiete stets eine Zahl gibt, deren k^{te} Potenz gleich ist einer positiven rationalen Zahl r, die nicht selbst k^{te} Potenz einer solchen ist.

Das im § 1 entwickelte Aggregat

$$C \equiv c_0 + \frac{c_1}{n} + \frac{c_2}{n^2} + \frac{c_3}{n^3} + \cdots$$

ist sicher konvergent, da die Anzahlen c_1, c_2, c_3, sämtlich nicht größer sind als $n-1$, und es besteht, wenn wir die Bezeichnung

$$C_\nu \equiv c_0 + \frac{c_1}{n} + \frac{c_2}{n^2} + \cdots + \frac{c_\nu}{n^\nu}$$

einführen, für jedes ganzzahlige ν die Ungleichung

$$C_\nu^k < r < \left(C_\nu + \frac{1}{n^\nu}\right)^k.$$

Bilden wir nun durch Multiplikation die Potenz C^k, so ist sofort zu ersehen, daß dieselbe gleich r ist. Da für jedes ν die

Potenz $C_\nu^k < r$ ist, so ist $C^k \leqq r$. Die Annahme $C^k < r$ ist aber unmöglich, weil dann nach § 7 6) für hinreichend große Werte von ν auch $\left(C + \frac{1}{n^\nu}\right)^k < r$ folgen würde, was der Definition des Aggregates C widerspricht; also ist notwendig $C^k = r$.

Obwohl wir nur endlich viele Stellen von C ermitteln können, so sind wir doch imstande, alle Stellen von C^k zu bestimmen.

Ist z. B. r eine **Anzahl**, aber nicht selbst die k^{te} Potenz einer solchen, so können wir behaupten, daß

$$C^k = r - 1 + \frac{n-1}{n} + \frac{n-1}{n^2} + \frac{n-1}{n^3} + \cdots \text{ in inf.}$$

ist. Setzen wir nämlich $C = C_\nu + \gamma_\nu$, so ist $\gamma_\nu < \frac{1}{n^\nu}$; wird weiter $C^k = C_\nu^k + \Delta_\nu$ gesetzt, so ist, wie im § 1 bemerkt wurde, $\Delta_\nu < kK(c_0 + 1)^{k-1} \frac{1}{n^\nu}$ und kann daher dadurch kleiner als $\frac{1}{n^\varrho}$ gemacht werden, daß man ν größer wählt als eine gehörig groß bestimmte Anzahl N. Nun ist wegen

$$0 < \Delta_\nu < \frac{1}{n^\varrho}$$

$$r > C_\nu^k > r - \frac{1}{n^\varrho} = r - 1 + \frac{n-1}{n} + \frac{n-1}{n^2} + \cdots + \frac{n-1}{n^\varrho}$$

d. h. wenn man die Berechnung von C^k gehörig weit fortsetzt, so erhält man $r - 1$ Einheiten und für jede einzelne folgende Stelle den Wert $n - 1$; also ergibt sich für C^k der Ausdruck

$$r - 1 + \sum_{\lambda=1}^{\infty} \frac{n-1}{n^\lambda},$$

d. h. es gibt, wenn r eine Anzahl ist, und zwar nicht selbst die k^{te} Potenz einer solchen, auch im erweiterten Zahlengebiete keine Zahl, deren k^{te} Potenz r selbst ist, sondern nur eine irrationale Zahl, deren k^{te} Potenz gleich r ist und zwar zufolge der Gleichheit

$$1 = \sum_{\lambda=1}^{\infty} \frac{n-1}{n^\lambda}.$$

Ist

$$r \equiv r_0 + \frac{r_1}{n} + \frac{r_2}{n^2} + \cdots + \frac{r_i}{n^i} \quad (r_i \geqq 1)$$

so zeigt man ebenso leicht, daß die Berechnung von C^k den Ausdruck

$$r_0 + \frac{r_1}{n} + \frac{r_2}{n^2} + \cdots + \frac{r_{i-1}}{n^{i-1}} + \frac{r_i - 1}{n^i} + \sum_{\lambda=1}^{\infty} \frac{n-1}{n^{i+\lambda}}$$

liefert. Macht man nur $\varrho > i$, so ist wieder

$$r > C_\nu^k > r - \frac{1}{n^\varrho} = r_0 + \frac{r_1}{n} + \frac{r_2}{n^2} + \cdots + \frac{r_{i-1}}{n^{i-1}} + \frac{r_i - 1}{n^i}$$
$$+ \frac{n-1}{n^{i+1}} + \cdots + \frac{n-1}{n^\varrho}$$

d. h. C_ν^k stimmt bis einschließlich zur $i-1^{\text{ten}}$ Stelle mit r überein, für die i^{te} Stelle ergibt sich $r_i - 1$, für alle folgenden bis einschließlich zur ϱ^{ten} der Wert $n-1$. Die Berechnung von C^k liefert also in der Tat den oben angeführten Ausdruck.

Enthält aber die Zahl

$$s \equiv \sum_{h=0}^{\infty} \frac{s_h}{n^h}$$

unendlich viele von Null verschiedene Stellen s_h, so gibt es für eine solche Zahl eben nur eine einzige Darstellung in dieser Form und ist daher notwendig C^k mit s identisch.

§ 15. Zuordnung der Punkte einer Euklidischen Geraden zu den Zahlen und umgekehrt.

In dem erweiterten Zahlengebiete wird das Verhältnis der Längen von je zwei Strecken durch eine rationale oder eine irrationale Zahl dargestellt. Fixiert man auf einer Euklidischen

42 III. Rechnungsoperationen mit konvergenten additiven Aggregaten.

Geraden den Nullpunkt O und den Einheitspunkt E und bezeichnet mit P einen Punkt der Halbgeraden OE, so entspricht jedem solchen Punkte eine positive rationale oder irrationale Zahl; umgekehrt entspricht jeder positiven rationalen Zahl ein Punkt P, der durch Aneinanderreihung von Einheitsstrecken und genauen Teilen derselben in endlicher Anzahl erreicht wird; einer irrationalen Zahl dagegen, die nicht periodisch ist, kann ein Punkt durch solche Aneinanderreihung nicht zugeordnet werden, es muß vielmehr der durch die irrationale Zahl gegebene Konstruktionsprozeß als Vertreter eines Punktes aufgefaßt werden, wofür die Berechtigung wohl nur in der Erklärung der Gleichheit, des Größer- und Kleiner-Seins der irrationalen Zahlen zu suchen ist. Wenn man berücksichtigt, daß ja auch eine irrationale Zahl nur durch ihre Definition bestimmt ist, aus welcher in der Regel nur ein Rechnungsverfahren zur Bestimmung von beliebig endlich vielen Stellen abgeleitet wird, so wird man wohl zugeben müssen, daß die Zuordnung der Zahlen zu den Strecken und der Strecken zu den Zahlen genau auf derselben Stufe stehen, wenn man von speziellen Konstruktionen (mit Zirkel und Lineal), wie z. B. der $\sqrt{2}$, absieht.

§ 16. Vollkommen bestimmte Irrationalzahlen.

Eine irrationale Zahl von der Form

$$\sum_{\lambda=0}^{\infty} \frac{a_\lambda}{n^\lambda},$$

in welcher a_0 eine beliebige Anzahl, a_λ für $\lambda \geq 1$ eine Anzahl aus der Reihe $0, 1, 2, \ldots n-1$ bezeichnet, möge eine „vollkommen bestimmte" heißen, wenn, abgesehen von einer endlichen Anzahl von Anfangsstellen $a_0, a_1, \ldots a_{i-1}$, jedem Werte $\lambda \geq i$ eine Anzahl a_λ im Intervalle $(0, \ldots n-1)$, un-

§ 16. Vollkommen bestimmte Irrationalzahlen. 43

abhängig von allen übrigen, durch irgend eine Festsetzung zugeordnet wird.

Bezeichnet z. B. p_λ die Anzahl der verschiedenen Primzahlen, welche in λ enthalten sind, und a_λ den kleinsten nicht negativen Rest der Division von p_λ durch n, so ist dadurch für $\lambda > 1$ jedes a_λ unabhängig von allen übrigen als eine Anzahl aus der Reihe $0, 1, 2, \ldots n - 1$ bestimmt. Diese „vollkommene Bestimmung" einer irrationalen Zahl drückt wohl die äußerste Forderung aus, die man überhaupt stellen kann; ob in einem besonderen Falle, z. B. für $\sqrt{2}$, eine solche überhaupt möglich ist oder nicht, ist meines Wissens eine noch offene Frage.

Dagegen ist es nicht schwer, vollkommen bestimmte Irrationalzahlen zu bilden, welche z. B. die Eigenschaft haben, daß ihr Quadrat, oder, was auf dasselbe hinauskommt, daß ihre Quadratwurzel selbst wieder eine vollkommen bestimmte Irrationalzahl ist; ein einfaches Beispiel dieser Art möge hier Platz finden. Bedeutet h eine positive Zahl, kleiner als 1, so ist zu ersehen, daß im Quadrate von

$$H \equiv \sum_{\nu=0}^{\infty} h^{2^\nu - 1}$$

die Koeffizienten der Potenzen von h nur die Werte $0, 1, 2$ haben können, und die Regel für die Bestimmung dieser Koeffizienten leicht anzugeben. Man erhält:

$$H^2 \equiv Q = $$
$$\sum_{\nu=0}^{\infty} h^{2^\nu - 1} \cdot \sum_{\nu'=0}^{\infty} h^{2^{\nu'} - 1} = \sum_{\nu=0}^{\infty} h^{2^{\nu+1} - 2} + 2 \sum_{\nu=1}^{\infty} \sum_{\nu'=0}^{\nu-1} h^{2^\nu + 2^{\nu'} - 2} \equiv$$
$$\sum_{\lambda=0}^{\infty} a_\lambda h^\lambda.$$

Die Reihe der Koeffizienten von H ist ersichtlich nicht periodisch, ebenso ersieht man sofort, daß auch die Reihe der

44 III. Rechnungsoperationen mit konvergenten additiven Aggregaten.

Koeffizienten $a_0, a_1, a_2, \ldots$ keine Periode enthält; eine solche müßte ja doch auch den Koeffizienten 1 der Glieder $h^{2^{\nu+1}-2}$ enthalten; das Intervall zwischen zwei aufeinanderfolgenden Gliedern $h^{2^{\nu+1}-2}$ und $h^{2^{\nu+2}-2}$ ist aber eben nicht konstant.

Jede in den Formen $2^{\nu+1}-2$ und $2^\nu + 2^{\nu'} - 2$ $(\nu' < \nu)$ enthaltene Anzahl wird, wenn ν die Reihe der natürlichen Zahlen $0, 1, 2, \ldots$ und ν' die Reihe $0, 1, 2, \ldots \nu - 1$ durchläuft, nur einmal erzeugt. Soll $2^{\nu+1} = 2^\varrho + 2^{\varrho'}$ $(\varrho' < \varrho)$ sein, so müßte $2^{\nu+1-\varrho'} = 2^{\varrho-\varrho'} + 1$ sein, was unmöglich ist, da $\varrho > \varrho'$ und $\nu + 1 > \varrho$ ist; soll anderseits $2^\nu + 2^{\nu'} = 2^\varrho + 2^{\varrho'}$ sein $(\varrho' \leq \nu')$, so müßte, wenn $\varrho' = \nu'$ ist, auch $\varrho = \nu$ sein; wenn aber $\varrho' < \nu'$ ist, so müßte $2^{\nu-\varrho'} + 2^{\nu'-\varrho'} = 2^{\varrho-\varrho'} + 1$ sein, was ebenfalls unmöglich ist.

Die Koeffizienten der Reihe Q haben also in der Tat nur die Werte 0, 1, 2.

Die Regel zur Bestimmung der Koeffizienten a_λ ist die folgende:

Ist $\lambda + 2$ eine Potenz von 2, so ist $a_\lambda = 1$; ist $\lambda + 2$ nicht eine Potenz von 2, $2^{\nu'}$ die höchste darin enthaltene Potenz von 2, und $(\lambda + 2) 2^{-\nu'} - 1$ eine Potenz von 2, so ist $a_\lambda = 2$. In allen übrigen Fällen ist $a_\lambda = 0$.

Setzt man $h = \dfrac{1}{10}$, so ist:

$$\sum_{\nu=0}^{\infty} \frac{1}{10^{2^{\nu+1}-2}} + \sum_{\nu=1}^{\infty} \sum_{\nu'=0}^{\nu-1} \frac{2}{10^{2^\nu + 2^{\nu'} - 2}}$$

eine vollkommen bestimmte irrationale Dezimalzahl, deren Quadratwurzel die ebenfalls vollkommen bestimmte irrationale Dezimalzahl

$$\sum_{\nu=0}^{\infty} \frac{1}{10^{2^\nu - 1}}$$

ist.

Vierte Vorlesung.

Die additiven Aggregate aus unendlich vielen, teils positiven, teils negativen rationalen Zahlen.

§ 17. Erklärung der Gleichheit, Konvergenz und Divergenz.

Um ein additives Aggregat $\mathfrak{A}$ aus unendlich vielen, teils positiven, teils negativen rationalen Zahlen zu bezeichnen, wählen wir a als Repräsentanten der positiven, $-a'$ als Repräsentanten der negativen rationalen Zahlen und bezeichnen das ganze Aggregat mit dem Zeichen:

$$\{a, -a'\}.$$

Ist $\mathfrak{B} \equiv \{b, -b'\}$ ein zweites Aggregat derselben Art, so handelt es sich zunächst wieder um die Erklärung der Gleichheit; dieselbe ist jedenfalls so zu stellen, daß sie die im Gebiete der rationalen Zahlen in sich enthält; also so:

13) *Die Aggregate $\mathfrak{A}$ und $\mathfrak{B}$ werden nach W als gleich erklärt, wenn*
$$\{a\} + \{b'\} = \{a'\} + \{b\}$$
ist, und es wird, so wie im Gebiete der rationalen Zahlen, erklärt:

$$\mathfrak{A} > \mathfrak{B} \quad wenn \quad \{a\} + \{b'\} > \{a'\} + \{b\}$$

und

$$\mathfrak{A} < \mathfrak{B} \quad wenn \quad \{a\} + \{b'\} < \{a'\} + \{b\} \; ist.$$

46 IV. Addit. Aggr. aus unendlich vielen, teils pos., teils neg. rat. Zahlen.

Die hier auftretenden additiven Aggregate enthalten nur positive rationale Zahlen; die Gleichheit ist aber bedeutungslos, wenn nicht alle vier darin auftretenden Aggregate konvergieren. Hieraus ergibt sich sofort die Erklärung der Konvergenz eines solchen Aggregates nach W:

14) *Ein additives Aggregat $\{a, -a'\}$ aus unendlich vielen teils positiven, teils negativen rationalen Zahlen konvergiert dann und nur dann, wenn jedes der Aggregate $\{a\}$ und $\{a'\}$ konvergiert.*

Versteht man nach W unter dem „absoluten Betrage" einer positiven Zahl diese selbst, unter dem absoluten Betrage einer negativen Zahl $-a'$ die ihr entgegengesetzte positive Zahl a' und bezeichnet den absoluten Betrag einer Zahl z mit $|z|$, so kann man die Bedingung für die Konvergenz auch so ausdrücken:

15) *Ein additives Aggregat $\{z\}$ von unendlich vielen, teils positiven, teils negativen rationalen Zahlen z konvergiert dann und nur dann, wenn das additive Aggregat $\{|z|\}$ aus den „absoluten Beträgen" aller dieser Zahlen konvergiert* (W).

Es konvergieren demnach z. B. sicher die Aggregate aus den sämtlichen Potenzen $(-1)^n q^n$, $(0 < q < 1)$

aus den sämtlichen Zahlen $\dfrac{(-1)^{n-1}}{n(n+1)}$

und aus den sämtlichen Zahlen $\dfrac{(-1)^{n-1}}{n^2}$. $\Big\} (n = 1, 2, 3, \cdots)$

Der absolute Betrag einer Summe von endlich vielen positiven und negativen rationalen Zahlen ist niemals größer als die Summe der absoluten Beträge der einzelnen Zahlen; dies gilt auch für ein konvergentes Aggregat $\mathfrak{A} \equiv \{a, -a'\}$. Denn es ist

$|\mathfrak{A}| = \{a, -a'\}$, wenn $\{a\} > \{a'\}$ ist,

dagegen

$|\mathfrak{A}| = \{a', -a\}$, wenn $\{a\} < \{a'\}$ ist.

§ 17. Erklärung der Gleichheit, Konvergenz und Divergenz. 47

Das Aggregat aus den absoluten Beträgen aller Glieder von $\mathfrak{A}$ ist $\{a, a'\}$ und dieses ist sicher größer als $|\mathfrak{A}|$, denn wenn z. B. $\{a\} > \{a'\}$ ist, so ist $\{a, a'\} > \{a, -a'\}$, weil $\{a, a'\} + \{a'\} > \{a\}$, da ja $\{a'\} > 0$ vorauszusetzen ist.

Die aufgestellte Erklärung der Gleichheit hat natürlich auch hier nur für konvergente Aggregate eine richtige Bedeutung und umfaßt ihrer Entstehung nach auch den Fall, daß eines der beiden Aggregate nur aus endlich vielen positiven und negativen rationalen Zahlen besteht. Für ein solches Aggregat $\mathfrak{B} \equiv \{b, -b'\}$ ist dann $\{b\} = r$ eine rationale Zahl und ebenso $\{b'\} = r'$ eine rationale Zahl. Ist insbesondere $r = r'$, so ist $\mathfrak{B} = 0$, und wir ersehen jetzt die Bedingung, unter welcher ein konvergentes Aggregat $\mathfrak{A} \equiv \{a, -a'\}$ gleich Null ist; das ist dann und nur dann der Fall, wenn

$$\{a\} + r = \{a'\} + r \text{ oder also wenn } \{a\} = \{a'\} \text{ ist.}$$

Nach der für die Konvergenz notwendigen Bedingung gilt auch hier der Satz:

16) *Es muß stets möglich sein, aus einem konvergenten additiven Aggregate $\mathfrak{A} \equiv \{a, -a'\}$ eine endliche Anzahl von Gliedern so abzusondern, daß das übrigbleibende Aggregat dem absoluten Betrage nach kleiner ist als eine beliebig klein anzunehmende, bestimmte positive Zahl ε, denn er gilt ja für die einzelnen Aggregate $\{a\}$ und $\{a'\}$.*

§ 18. Die konvergenten additiven Aggregate aus unendlich vielen, teils positiven, teils negativen rationalen Zahlen haben den Charakter einer Summe.

Nun kann man ebenso wie im § 6 zeigen, daß die Gleichheit zweier konvergenter additiver Aggregate $\mathfrak{A}$ und $\mathfrak{B}$ aus unendlich vielen, teils positiven, teils negativen rationalen Zahlen sofort aufhört, wenn man zu einem derselben eine dem absoluten Betrage nach noch so kleine aber von Null verschiedene

48 IV. Addit. Aggr. aus unendlich vielen, teils pos., teils neg. rat. Zahlen.

Zahl hinzufügt. Auch der so wichtige Satz von W über die Unabhängigkeit eines konvergenten additiven Aggregates von der Anordnung und Gruppierung seiner Glieder bleibt bestehen.

Greifen wir nämlich nach irgend einer Regel aus den unendlich vielen positiven Gliedern a des konvergenten Aggregates $\mathfrak{A} \equiv \{a, -a'\}$ eine endliche oder unendliche Anzahl heraus, $\mathfrak{a}$ sei der Repräsentant derselben, und ebenso aus den negativen Gliedern $-a'$ die Glieder $-\mathfrak{a}'$ heraus und fassen sie in ein Aggregat zusammen, welches wir mit $\mathfrak{g} \equiv \{\mathfrak{a}, -\mathfrak{a}'\}$ bezeichnen, so ist unmittelbar ersichtlich, daß jedes solche Aggregat $\mathfrak{g}$, sofern es unendlich viele Glieder enthält, konvergiert und auch, daß das Aggregat $\mathfrak{G}$, welches aus allen Aggregaten $\mathfrak{g}$ besteht, konvergiert und dem ursprünglichen Aggregate $\mathfrak{A}$ gleich ist. Man kann aber hier auch noch das neu gebildete Aggregat $\mathfrak{G}$ vorerst umformen, indem man positive und negative Größen von demselben absoluten Betrage fortläßt. Zu dem Ende setzen wir

$$\mathfrak{a} = \alpha + \delta, \quad \mathfrak{a}' = \alpha' + \delta',$$

wobei $\alpha, \alpha' \delta, \delta'$ positive rationale Zahlen bezeichnen; dann ist unmittelbar klar, daß nicht nur die sämtlichen Aggregate $\{\delta\}$ und $\{\delta'\}$ einzeln konvergieren, sondern auch die Aggregate aus allen Aggregaten $\{\delta\}$ bezw. $\{\delta'\}$, die wir mit $\{\{\delta\}\}$ bezw. $\{\{\delta'\}\}$ bezeichnen. Die Zahlen δ und δ' müssen so bestimmt werden, daß $\{\{\delta\}\} = \{\{\delta'\}\}$ ist. Die so transformierte Gruppe $\mathfrak{g} \equiv \{\mathfrak{a}, -\mathfrak{a}'\}$ bezeichnen wir nun als $\bar{\mathfrak{g}} \{\alpha, -\alpha'\}$ und entsprechend das Aggregat aus allen diesen transformierten Gruppen mit $\overline{\mathfrak{G}}$. Dann ist leicht zu ersehen, daß:

17) *1. jedes Aggregat $\bar{\mathfrak{g}} \{\alpha, -\alpha'\}$ konvergiert,*

2. das Aggregat $\overline{\mathfrak{G}}$ aus allen Aggregaten $\bar{\mathfrak{g}} \{\alpha, -\alpha'\}$ konvergiert,

3. $\overline{\mathfrak{G}}$ gleich ist dem ursprünglichen Aggregate $\mathfrak{A}$.

Jeder Bestandteil eines Aggregates $\{\alpha\}$ ist ja ein Bestand-

§ 18. Summen-Charakter der konvergenten Aggregate.

teil des Aggregates $\{a\}$ und ebenso ist jeder Bestandteil eines Aggregates $\{\alpha'\}$ ein Bestandteil von $\{a'\}$. Ebenso ist aber auch jeder Bestandteil des Aggregates $\{\{\alpha\}\}$ aus allen Aggregaten $\{\alpha\}$ ein Bestandteil von $\{a\}$ und jeder Bestandteil von $\{\{\alpha'\}\}$ ein Bestandteil von $\{a'\}$. Die Gleichheit von $\mathfrak{S}$ und $\mathfrak{A}$ erfordert die Gleichheit:

$$\{\{\alpha\}\} + \{a'\} = \{\{\alpha'\}\} + \{a\};$$

diese findet aber in der Tat statt, weil

$$\{\{\alpha\}\} + \{\{\delta\}\} = \{a\} \quad \text{und} \quad \{\{\alpha'\}\} + \{\{\delta'\}\} = \{a'\} \text{ ist.}$$

Dieser wichtige Satz gibt unter anderem auch die Bedingung an, unter welcher z. B. ein konvergentes additives Aggregat $\mathfrak{C}$ aus unendlich vielen positiven rationalen Zahlen c, deren jede als Differenz zweier rationaler Zahlen a und $b < a$ gegeben ist, gleich ist dem additiven Aggregate aus allen positiven Zahlen a und allen negativen Zahlen $-b$; dies findet dann und nur dann statt, wenn dieses letztere Aggregat $\{a, -b\}$ konvergiert, d. h. also, wenn die beiden Aggregate $\{a\}$ und $\{b\}$ konvergieren; dann können wir in der Tat jedem a dasjenige $-b$ zuordnen, welches mit ihm das entsprechende c bildet; unter dieser Bedingung ist dann

$$\{a-b\} = \{a, -b\}.$$

Betrachten wir das konvergente Aggregat der Zahlen $\frac{1}{1 \cdot 2}, \frac{1}{3 \cdot 4}, \frac{1}{5 \cdot 6}, \ldots$ und bemerken: $\frac{1}{1 \cdot 2} = \frac{1}{1} - \frac{1}{2}$, $\frac{1}{3 \cdot 4} = \frac{1}{3} - \frac{1}{4}$, $\frac{1}{5 \cdot 6} = \frac{1}{5} - \frac{1}{6}, \ldots$, so ist hier die obige Bedingung nicht erfüllt, denn das Aggregat $\frac{1}{1}, \frac{1}{3}, \frac{1}{5} \cdots$ ist divergent, da

$$\frac{1}{2k+1} + \frac{1}{2k+3} + \cdots + \frac{1}{2k+2k+1} > \frac{1}{4}$$

ist, und ebenso divergiert das Aggregat: $\frac{1}{2}, \frac{1}{4}, \frac{1}{6}, \cdots$; es ist also keineswegs das Aggregat aus allen Zahlen $\frac{1}{(2n-1)2n}$ ($n = 1, 2, 3, \cdots$) gleich dem Aggregate aus allen positiven Zahlen $\frac{1}{2n-1}$ und allen negativen Zahlen $-\frac{1}{2n}$.

Wenden wir, unter $A \equiv \{a\}$ ein konvergentes Aggregat von unendlich vielen positiven rationalen Zahlen verstehend, auf das konvergente Aggregat $\{a, -a\}$, welches nach der aufgestellten Erklärung gleich Null ist, das Prinzip der Gruppenbildung an, indem wir zu jedem a das entsprechende $-a$ hinzufügen, so erhalten wir ein additives Aggregat von unendlich vielen Nullen und ersehen, daß dasselbe sicher gleich Null ist.

§ 19. Die Addition.

Nun wollen wir auch wiederum nachsehen, wie sich in diesem erweiterten Gebiete die Ausführung der Rechnungsoperationen gestaltet.

Die Addition. Sind $\mathfrak{A} \equiv \{a, -a'\}$ und $\mathfrak{B} \equiv \{b, -b'\}$ zwei konvergente Aggregate, so ist unmittelbar einleuchtend, daß auch das Aggregat aus allen Zahlen $a, b; -a', -b'$ konvergiert; wir erklären durch dasselbe die Summe $\mathfrak{A} + \mathfrak{B}$:

$$\mathfrak{A} + \mathfrak{B} \equiv \{a, b; -a', -b'\}.$$

Offenbar ist $\mathfrak{A} + \mathfrak{B} = \mathfrak{B} + \mathfrak{A} \equiv \{b, a; -b', -a'\}$.

Ordnet man durch irgend eine Regel jedem a ein b und jedem a' ein b' zu, wobei beliebig viele Nullen, wenn erforderlich, verwendet werden können, so kann man nach dem Prinzip der Gruppenbildung auch ansetzen:

$$\mathfrak{A} + \mathfrak{B} = \{a+b, -a'-b'\}.$$

Fassen wir noch ein drittes konvergentes Aggregat $\mathfrak{C} \equiv \{c, -c'\}$ auf, so wird ebenso durch das Aggregat

$$\{a, b, c; -a', -b', -c'\}$$

§ 19. Die Addition. § 20. Die Subtraktion.

die Summe $\mathfrak{A} + \mathfrak{B} + \mathfrak{C}$ erklärt, und diese ist von der Gruppierung der Summanden unabhängig also nach ein-eindeutiger Zuordnung der a, b, c einerseits und der a', b', c' andrerseits gleich $\{a + b + c; -a' - b' - c'\}$. Dasselbe gilt, wenn wir eine beliebige endliche Anzahl von konvergenten Aggregaten zu einem einzigen Aggregate vereinigen. Sind aber unendlich viele konvergente Aggregate dieser Art gegeben, so folgt aus der Konvergenz jedes einzelnen Aggregates noch nicht die Konvergenz des Aggregates aus allen Aggregaten; konvergiert aber dieses letztere, so stellt es nach der getroffenen Vereinbarung über den erweiterten Gebrauch der Bezeichnung „Summe" die Summe der unendlich vielen Aggregate dar. Betrachten wir z. B. die unendlich vielen Aggregate:

$$S_n \equiv \frac{1}{(2^n+1)^2} - \frac{1}{(2^n+2)^2} + \frac{1}{(2^n+3)^2} - \cdots (n = 1, 2, 3, \cdots)$$

so konvergiert das Aggregat aus allen Gliedern dieser unendlich vielen Aggregate, weil nach S. 14, Beispiel 2

$$\left(\text{wegen } \frac{1}{(2^n+k)^2} < \frac{1}{(2^n+k-1)(2^n+k)}\right)$$

$$\frac{1}{(2^n+1)^2} + \frac{1}{(2^n+2)^2} + \frac{1}{(2^n+3)^2} + \cdots < \frac{1}{2^n}$$

ist, und stellt die Summe $\sum_{n=1}^{\infty} S_n$ dar.

§ 20. Die Subtraktion.

Sind $\mathfrak{A} \equiv \{a, -a'\}$ und $\mathfrak{B} \equiv \{b, -b'\}$ zwei konvergente Aggregate, so gibt es stets ein konvergentes Aggregat $\mathfrak{C}$, so beschaffen, daß

$$\mathfrak{A} = \mathfrak{B} + \mathfrak{C}$$

ist. Mit $\mathfrak{B}$ zugleich konvergiert nämlich auch das Aggregat $\mathfrak{B}' \equiv \{b', -b\}$, welches wir als das zu $\mathfrak{B}$ entgegengesetzte Aggregat bezeichnen, weil $\mathfrak{B} + \mathfrak{B}' = 0$ ist; dann ersehen wir sofort, daß $\mathfrak{A} + \mathfrak{B}'$ das gesuchte Aggregat $\mathfrak{C}$ ist, da $\mathfrak{B} + \mathfrak{A} + \mathfrak{B}' = \mathfrak{A}$

52 IV. Addit. Aggr. aus unendlich vielen, teils pos., teils neg. rat. Zahlen.

ist. Wir gebrauchen nun, wie dies im Gebiete der rationalen Zahlen üblich ist, das Zeichen —, um das zu dem konvergenten Aggregate $\mathfrak{B} \equiv \{b, -b'\}$ entgegengesetzte Aggregat
$$\mathfrak{B}' \equiv \{b', -b\}$$
zu bezeichnen, so daß das neue Zeichen $-\mathfrak{B}$ durch das Aggregat $\{b', -b\}$ erklärt wird. Statt $\mathfrak{A} + (-\mathfrak{B})$ schreiben wir abkürzend nur $\mathfrak{A} - \mathfrak{B}$. Dann stellt also dieses Aggregat $\mathfrak{A} - \mathfrak{B}$ unter allen Umständen das gesuchte Aggregat $\mathfrak{C}$ dar und wird als die Differenz der Aggregate $\mathfrak{A}$ und $\mathfrak{B}$ bezeichnet, als das Resultat der Subtraktion des $\mathfrak{B}$ von $\mathfrak{A}$. Die Subtraktion ist somit in dem erweiterten Gebiete ausnahmslos ausführbar.

§ 21. Die Multiplikation.

Ersetzt man in der Anzahl m die Einheit durch das konvergente Aggregat $\mathfrak{A} \equiv \{a, -a'\}$, so erhält man nach dem Prinzipe der Gruppenbildung das konvergente Aggregat $\{ma, -ma'\}$; dasselbe erhält man aber auch, wenn man in $\mathfrak{A}$ die Einheit durch m ersetzt; es läßt sich also die Definition der Multiplikation im Gebiete der Anzahlen auch ausdehnen auf eine Anzahl und ein konvergentes Aggregat aus unendlich vielen, teils positiven, teils negativen rationalen Zahlen: wir erhalten dabei die Produktsymbole $m\mathfrak{A}$ und $\mathfrak{A}m$ erklärt durch das Aggregat $\{ma, -ma'\}$. Um das Produkt aus $-m$ und $\mathfrak{A}$ zu bilden, hat man in m die Einheit durch das zu $\mathfrak{A}$ entgegengesetzte Aggregat $\mathfrak{A}'$ zu ersetzen und erhält damit das Aggregat $\{ma', -ma\}$; dasselbe ergibt sich auch, wenn man in $\mathfrak{A}$ die Einheit durch $-m$ ersetzt. Es werden also die Produktsymbole $(-m)\mathfrak{A}$ und $\mathfrak{A}(-m)$ durch das Aggregat $\{ma', -ma\}$ erklärt.

Demnach ist, wenn n eine Anzahl bezeichnet,
$$n\left\{\frac{a}{n}, -\frac{a'}{n}\right\} = \{a, -a'\} \text{ und } (-n)\left\{\frac{a'}{n}, -\frac{a}{n}\right\} = \{a, -a'\}.$$

§ 21. Die Multiplikation.

Versteht man also unter d eine positive oder negative ganze Zahl, so gibt es ein Aggregat, welches mit d multipliziert $\mathfrak{A}$ ergibt, nämlich das Aggregat: $\left\{\dfrac{a}{d},\ -\dfrac{a'}{d}\right\}$; durch dasselbe werden die Symbole: $\dfrac{1}{d}\mathfrak{A}$, $\dfrac{\mathfrak{A}}{d}$ und $\mathfrak{A}\dfrac{1}{d}$ erklärt. Versteht man unter $\dfrac{c}{d}\mathfrak{A}$ die Zahl, welche mit d multipliziert $c\mathfrak{A}$ ergibt, so ist nach dem oben Gesagten $\dfrac{c}{d}\mathfrak{A}$ durch das Aggregat

$$\left\{\dfrac{c}{d}a,\ -\dfrac{c}{d}a'\right\}$$

zu erklären. Dasselbe entsteht aber auch, wenn man in $\mathfrak{A}$ die Einheit durch $\dfrac{c}{d}$ ersetzt, d. h. dasselbe Aggregat erklärt auch das multiplikative Symbol $\mathfrak{A}\dfrac{c}{d}$. Daraus ergibt sich die Regel:

18) *Ein konvergentes additives Aggregat aus unendlich vielen, teils positiven, teils negativen rationalen Zahlen wird mit einer positiven oder negativen rationalen Zahl multipliziert, wenn man jedes Glied des Aggregates mit dieser Zahl multipliziert.*

Ist nun $\mathfrak{B} \equiv \{b,\ -b'\}$ ein zweites konvergentes Aggregat, so läßt sich jetzt leicht das Resultat angeben, welches entsteht, wenn man in $\mathfrak{A}$ die Einheit durch $\mathfrak{B}$ ersetzt; es ist dies offenbar das Aggregat aus allen Aggregaten $a\mathfrak{B}$ und allen Aggregaten $-a'\mathfrak{B}$, d. h. nach dem Vorhergehenden das Aggregat $\{ab,\ a'b';\ -ab',\ -a'b\}$.

Dasselbe Aggregat ergibt sich aber auch, wenn man in $\mathfrak{B}$ die Einheit durch $\mathfrak{A}$ ersetzt; dabei erhält man nämlich zunächst alle Aggregate $b\mathfrak{A}$ und $-b'\mathfrak{A}$ und damit das Aggregat $\{ba,\ b'a';\ -ba',\ -b'a\}$.

Die Konvergenz dieses Aggregates steht fest, nachdem die Konvergenz der Aggregate $\{a\}$, $\{a'\}$, $\{b\}$, $\{b'\}$ vorausgesetzt ist. Damit ist die Regel für die Multiplikatation zweier Aggregate der hier in Rede stehenden Art gewonnen:

19) *Sind* $\mathfrak{A} \equiv \{a,\ -a'\}$ *und* $\mathfrak{B} \equiv \{b,\ -b'\}$ *zwei*

IV. Addit. Aggr. aus unendlich vielen, teils pos., teils neg. rat. Zahlen.

konvergente additive Aggregate aus unendlich vielen, teils positiven, teils negativen rationalen Zahlen, so werden die Produkte $\mathfrak{A}\mathfrak{B}$ *und* $\mathfrak{B}\mathfrak{A}$ *durch das Aggregat* $\{ab,\ a'b';\ -ab',\ -a'b\}$ *dargestellt.*

Zu demselben Resultate gelangt man auch, wenn man die Multiplikation als eine nach vorwärts und rückwärts distributive Operation auffaßt und die Multiplikation der rationalen Zahlen voraussetzt. Dann ist nämlich $\mathfrak{A}\mathfrak{B}$ infolge der Distributivität nach vorwärts zu erklären durch das Aggregat aus allen Produktsymbolen $\mathfrak{A}b$ und $\mathfrak{A}(-b')$; zufolge der Distributivität nach rückwärts ist $\mathfrak{A}b$ zu erklären durch das Aggregat $\{ab,\ -a'b\}$ und $\mathfrak{A}(-b')$ durch das Aggregat $\{a'b',\ -ab'\}$, folglich $\mathfrak{A}\mathfrak{B}$ durch das Aggregat $\{ab,\ a'b';\ -ab',\ -a'b\}$, wie oben, und ebenso $\mathfrak{B}\mathfrak{A}$.

Ist insbesondere etwa $\mathfrak{B} = 0$, d. h. $\{b\} = \{b'\}$, so ist ersichtlich auch $\mathfrak{A}\mathfrak{B} = 0$, denn es ist dann:

$$\{ab, a'b'\} = \{a\}\{b\} + \{a'\}\{b'\} = \{a\}\{b'\} + \{a'\}\{b\} = \{ab', a'b\}.$$

Es möge noch der Nachweis ausgeführt werden, daß gleiche Aggregate einander bei der Multiplikation vertreten können.

Sind die Aggregate $\mathfrak{A} \equiv \{a, -a'\}$ und $\mathfrak{B} \equiv \{b, -b'\}$ gleich, also

(α) $\qquad\qquad \{a\} + \{b'\} = \{a'\} + \{b\},$

so ist zu zeigen, daß die Resultate der Multiplikation von $\mathfrak{A}$ und $\mathfrak{B}$ mit einem beliebigen konvergenten Aggregate $\mathfrak{C} \equiv \{c, -c'\}$ gleich sind, d. h. daß

(β) $\{ac\} + \{a'c'\} + \{bc'\} + \{b'c\} = \{ac'\} + \{a'c\} + \{bc\} + \{b'c'\}$

ist, also, daß jeder Bestandteil der einen Seite auch Bestandteil der anderen ist. Um einen Bestandteil der linken Seite zu bilden, verwenden wir endlich viele a, a'; b, b'; c, c'; dieselben mögen enthalten sein in den Gruppen

§ 21. Die Multiplikation.

$$a_1, a_2, \cdots a_i; \quad a_1', a_2', \cdots a_i',$$
$$b_1, b_2, \cdots b_i; \quad b_1', b_2', \cdots b_i',$$
$$c_1, c_2, \cdots c_i; \quad c_1', c_2', \cdots c_i'.$$

Zur Abkürzung werde bezeichnet:

$$A_i \equiv a_1 + a_2 + \cdots + a_i, \quad A_i' \equiv a_1' + a_2' + \cdots + a_i', \text{ usw.};$$

dann ist ein derart gebildeter Bestandteil T_i der linken Seite von (β) gewiß nicht größer als

$$(a_1 + a_2 + \cdots + a_i)(c_1 + c_2 + \cdots + c_i) +$$
$$+ (a_1' + \cdots + a_i')(c_1' + \cdots c_i') +$$
$$+ (b_1 + \cdots + b_i)(c_1' + \cdots c_i') +$$
$$+ (b_1' + \cdots + b_i')(c_1 + \cdots c_i)$$

(γ)   d. h. $T_i \leq (A_i + B_i')C_i + (A_i' + B_i)C_i'.$

$A_i + B_i'$ ist ein Bestandteil von $\{a\} + \{b'\}$, folglich gibt es nach (α) Bestandteile von $\{a'\} + \{b\}$, welche größer sind; wir bezeichnen einen solchen mit $A_r' + B_r$; $A_i' + B_i$ ist ein Bestandteil von $\{a'\} + \{b\}$, folglich gibt es ebenfalls nach (α) Bestandteile von $\{a\} + \{b'\}$, welche größer sind; $A_s + B_s'$ sei ein solcher; dann ist also

(δ) $A_i + B_i' < A_r' + B_r$ und $A_i' + B_i < A_s + B_s'.$

Wählen wir jetzt aus den Aggregaten $\{c\}$ und $\{c'\}$ Bestandteile C_r und C_s' so aus, daß

(ε) $C_i < C_r$ und $C_i' < C_s',$

so ist zufolge der Ungleichungen (δ) und (ε)

$$(A_i + B_i')C_i + (A_i' + B_i)C_i' < (A_r' + B_r)C_r + (A_s + B_s')C_s'.$$

Nun ist aber die rechte Seite ein Bestandteil der rechten Seite in (β), womit der verlangte Nachweis ersichtlich erbracht ist, da man dieselbe Betrachtung von der rechten Seite von (β) ausgehend anstellen kann.

§ 22. Die Division; eine besondere Darstellung des Quotienten.

Sind $\mathfrak{A} \equiv \{a, -a'\}$ und $\mathfrak{B} \equiv \{b, -b'\}$ gegebene konvergente Aggregate und $\mathfrak{B} \gtreqless 0$, so gibt es stets ein konvergentes Aggregat $\mathfrak{C}$ so beschaffen, daß $\mathfrak{A} = \mathfrak{B}\mathfrak{C}$ ist; durch dasselbe wird der Quotient $\frac{\mathfrak{A}}{\mathfrak{B}}$ erklärt.

Sind $\mathfrak{A}$ und $\mathfrak{B}$ beide positiv, so kann man, um die Existenz von $\mathfrak{C}$ zu beweisen, ebenso verfahren wie im § 13. Sind $\mathfrak{A}$ und $\mathfrak{B}$ beide negativ, so können wir sie durch die entgegengesetzten, positiven, Aggregate $\mathfrak{A}'$ und $\mathfrak{B}'$ ersetzen. Ist von den beiden Aggregaten das eine positiv, das andere negativ, so würde man das negative durch das entgegengesetzte, positive, Aggregat ersetzen und die Existenz des dem $\mathfrak{C}$ entgegengesetzten Aggregates $\mathfrak{C}'$ erweisen. Ist $\mathfrak{B} = 0$, so ist die Division nicht ausführbar, weil dann für jedes konvergente Aggregat $\mathfrak{C}$ auch $\mathfrak{B}\mathfrak{C} = 0$ ist.

Es soll nun hier das am Schlusse des § 13 versprochene Verfahren entwickelt werden, welches geradezu eine Darstellung des Aggregates $\mathfrak{C}$ liefert, und zwar mit Benutzung eines Gedankens, durch welchen W die Darstellung des Quotienten zweier konvergenter Aggregate von unendlich vielen positiven rationalen Zahlen gezeigt hat.

Es genügt, den Fall zu betrachten, daß $\mathfrak{B} > 0$ sei; dann ist $\{b\} > \{b'\}$, und es kann, wenn $k > 1$ eine Anzahl bezeichnet, die positive rationale Zahl ε so klein gewählt werden, daß

$$(k+1)\varepsilon < \{b\} - \{b'\}$$

ist. Nunmehr sondern wir aus dem Aggregate $\{b\}$ einen Bestandteil β so ab, daß das übrigbleibende Aggregat $\varrho < \varepsilon$ ist, und ebenso aus $\{b'\}$ einen Bestandteil β' so ab, daß das übrigbleibende Aggregat $\varrho' < \varepsilon$ ist. Dann ist

§ 22. Die Division; eine besondere Darstellung des Quotienten. 57

$$\{b\} - \{b'\} = \beta - \beta' + \varrho - \varrho' > (k+1)\varepsilon,$$

folglich, da $|\varrho - \varrho'| < \varepsilon$ ist, $\beta - \beta' > k\varepsilon$.

Sind $\mathfrak{b}$ und $\mathfrak{r} < \mathfrak{b}$ positive rationale Zahlen, so ist

$$\frac{1}{1 - \frac{\mathfrak{r}}{\mathfrak{b}}} = 1 + \frac{\mathfrak{r}}{\mathfrak{b}} + \frac{\mathfrak{r}^2}{\mathfrak{b}^2} + \cdots \quad (\S\ 3,\ \text{Beispiel 1}),$$

folglich

$$\frac{1}{\mathfrak{b} - \mathfrak{r}} = \frac{1}{\mathfrak{b}} + \frac{\mathfrak{r}}{\mathfrak{b}^2} + \frac{\mathfrak{r}^2}{\mathfrak{b}^3} + \cdots$$

Tritt nun an die Stelle von $\mathfrak{r}$ ein konvergentes Aggregat $\mathfrak{R} \equiv \{r, -r'\}$, so beschaffen, daß auch noch $\{r, r'\} < \mathfrak{b}$ ist, so konvergiert offenbar das Aggregat

$$\frac{1}{\mathfrak{b}} - \frac{\mathfrak{R}}{\mathfrak{b}^2} + \frac{\mathfrak{R}^2}{\mathfrak{b}^3} - \frac{\mathfrak{R}^3}{\mathfrak{b}^4} + \cdots$$

und liefert mit $\mathfrak{b} + \mathfrak{R}$ multipliziert (unter Anwendung des Prinzips der Gruppenbildung) das Produkt 1, d. h. es ist

$$\frac{1}{\mathfrak{b} + \mathfrak{R}} = \frac{1}{\mathfrak{b}} - \frac{\mathfrak{R}}{\mathfrak{b}^2} + \frac{\mathfrak{R}^2}{\mathfrak{b}^3} - \frac{\mathfrak{R}^3}{\mathfrak{b}^4} + \cdots$$

Bezeichnen wir also die positive rationale Zahl $\beta - \beta'$ mit γ, das Aggregat $\varrho - \varrho'$ mit σ, so ist in der Tat

$$\varrho + \varrho' < 2\varepsilon < \beta - \beta',$$

folglich

$$\frac{1}{\mathfrak{B}} = \frac{1}{\gamma + \sigma} = \frac{1}{\gamma} - \frac{\sigma}{\gamma^2} + \frac{\sigma^2}{\gamma^3} - \frac{\sigma^3}{\gamma^4} + \cdots$$

also $\dfrac{\mathfrak{A}}{\mathfrak{B}}$ durch das Produkt

$$\mathfrak{A}\left(\frac{1}{\gamma} - \frac{\sigma}{\gamma^2} + \frac{\sigma^2}{\gamma^3} - \frac{\sigma^3}{\gamma^4} + \cdots\right)$$

dargestellt.

Für eine wirklich auszuführende Berechnung mit vorgeschriebener Genauigkeit wird man die Anzahl k passend wählen; da $\dfrac{|\sigma|}{\gamma} < \dfrac{1}{k}$ ist, so hängt davon die Zahl der Anfangsglieder

58 IV. Addit. Aggr. aus unendlich vielen, teils pos., teils neg. rat. Zahlen.

der Entwicklung $\frac{1}{\gamma} - \frac{\sigma}{\gamma^2} + \frac{\sigma^2}{\gamma^3} - \cdots$ ab, welche in Rechnung gezogen werden müssen.

Additive Aggregate aus unendlich vielen irrationalen Zahlen, die wir durch $\{\{a\}, \{-a'\}\}$ bezeichnen, bedürfen keiner besonderen Behandlung, da sie nach der Fassung des Begriffes „additives Aggregat" unter den betrachteten bereits enthalten sind, wenn nur die Aggregate $\{\{a\}\}$ und $\{\{a'\}\}$ konvergieren.

Fünfte Vorlesung.

Additive Aggregate aus unendlich vielen komplexen Zahlen der Form $a + bi$.

§ 23. Einige Bemerkungen über gemeine komplexe Zahlen.

In dem bisher entwickelten Zahlensysteme, welches man als das vollständige System der reellen Zahlen bezeichnet, gibt es keine Zahl, deren Quadrat einer negativen Zahl gleich ist, und es hat daher die quadratische Gleichung

$$ax^2 + 2bx + c = 0$$

keine Wurzel, wenn $b^2 - ac < 0$ ist.

Will man also durch eine abermalige Erweiterung des Zahlensystems auch nur erreichen, daß jede quadratische Gleichung Wurzeln hat, so bleibt nicht anderes übrig, als zur Bildung der Zahlen außer der positiven und negativen Einheit und den genauen Teilen derselben (in endlicher oder unendlicher Anzahl) noch ein weiteres, wesentlich verschiedenes Element — es sei mit i bezeichnet — zu verwenden, von welchem nur vorausgesetzt wird, daß es im Systeme der reellen Zahlen nicht enthalten ist. Mit diesem neuen Elemente zugleich wird man aber auch sofort das entgegengesetzte, welches mit $-i$ bezeichnet wird, und die genauen Teile von i und $-i$ einführen, welche mit $\frac{1}{n}i$, bzw. mit $-\frac{1}{n}i$ bezeichnet werden.

Die Zahlen des erweiterten Systemes, zu deren Bildung

60 V. Additive Aggregate aus unendlich vielen komplexen Zahlen.

nur endlich viele Einheiten 1, — 1, i, — i und endlich viele genaue Teile derselben verwendet werden, sind in der Formel $r + si$ enthalten, wenn r und s reelle rationale Zahlen bedeuten.

Die vier Grundoperationen im Bereiche dieser Zahlen werden hier als bekannt vorausgesetzt; es möge nur in Erinnerung gebracht werden, daß jetzt die Multiplikation zweier Zahlen $r + si$ und $r' + s'i$ nicht mehr als diejenige Operation erklärt werden kann, bei welcher die Einheit der einen durch die andere zu ersetzen ist, weil eben zwischen den Elementen 1 und i kein Zusammenhang bestehen soll; es wird aber die Erklärung des Produktes zweier solcher Zahlen durch die Distributivität nach beiden Seiten auf die Erklärung der Einheitenprodukte zurückgeführt; soll ferner das Gesetz erhalten bleiben, daß die Multiplikation mit 1 eine Zahl nicht ändert, so ergibt sich, daß alle 16 Einheitenprodukte erklärt sind, wenn z. B. das Produkt $(i \cdot i)$ durch eine Zahl $\alpha + \beta i$ definiert wird, die, wenn ein Produkt dann und nur dann verschwinden soll, wenn einer der Faktoren verschwindet, nur der Beschränkung unterliegt, daß

$$4\alpha + \beta^2 < 0$$

sein muß (W).

Die übliche Wahl $\alpha = -1$, $\beta = 0$ ist durchaus keine notwendige, aber die vorteilhafteste.

Das System der Zahlen, welche aus den Einheiten 1, — 1, i, — i gebildet werden (mit den eben angedeuteten Festsetzungen bezüglich der Multiplikation), wird als das System der gemeinen komplexen Zahlen bezeichnet; da im folgenden von anderen komplexen Zahlen nicht die Rede sein wird, so genügt die Bezeichnung „komplexe Zahlen".

Wenn auch heute noch für das Element i die Bezeichnung „imaginäre Einheit" gebraucht wird, so ist darunter bei richtiger Auffassung eben nur zu verstehen, daß dieselbe im

§ 24. Erklärung der Gleichheit, Konvergenz, Summen-Charakter. 61

System der reellen Zahlen nicht enthalten ist; die bekannte geometrische Interpretation der komplexen Zahlen läßt sehr wohl erkennen, daß das Element i genau ebenso etwas wirklich Existierendes bedeuten kann, wie die Einheit 1.

§ 24. Erklärung der Gleichheit, Konvergenz, Summen-Charakter.

Für eine komplexe Zahl $a + bi$ bezeichnet man die reellen Zahlen a und b als ihre **erste** und **zweite Koordinate**, die Zahl $a - bi$ als die zu $a + bi$ **konjugierte komplexe Zahl**, das Produkt $(a+bi)(a-bi) = a^2 + b^2$ als die **Norm** von $a + bi$ oder $a - bi$, die positive Zahl $\sqrt{a^2 + b^2}$ nach W als den **absoluten Betrag** $|a+bi|$. Werden nun durch irgend ein Bildungsgesetz oder ein Rechnungsverfahren unendlich viele rationale komplexe Zahlen geliefert, so wählen wir etwa $a + bi$ (unter a und b reelle rationale Zahlen verstehend) als Repräsentanten derselben und bezeichnen das additive Aggregat derselben durch $\{a+bi\}$, wofür wir zur Abkürzung wohl auch nur einen einzigen Buchstaben, z. B. $\varGamma$ gebrauchen; dann ist $A \equiv \{a\}$ die erste, $B \equiv \{b\}$ die zweite Koordinate von $\varGamma$. Vor allem ist nun wieder die Erklärung der Gleichheit für zwei solche Aggregate

$$\varGamma \equiv \{a + bi\} \quad \text{und} \quad \varGamma' \equiv \{a' + b'i\}$$

aufzustellen. In Berücksichtigung der Unabhängigkeit der Elemente 1 und i kann sie nach W nur so aufgestellt werden:

20) *Die additiven Aggregate $\varGamma$ und $\varGamma'$ werden dann und nur dann als gleich erklärt, wenn*

$$\{a\} = \{a'\} \quad und \quad \{b\} = \{b'\} \quad ist.$$

Diese Gleichheiten haben aber nur dann eine wirkliche Bedeutung, wenn jedes der vier Aggregate $\{a\}$, $\{b\}$, $\{a'\}$, $\{b'\}$ konvergiert, also nach § 17 **15)** wenn die Aggregate $\{|a|\}$, $\{|b|\}$, $\{|a'|\}$, $\{|b'|\}$ konvergieren. Da aber einerseits

V. Additive Aggregate aus unendlich vielen komplexen Zahlen.

$$|a| \leq |\sqrt{a^2 + b^2}| \quad \text{und} \quad |b| \leq |\sqrt{a^2 + b^2}|$$

ist, und anderseits

$$|a| + |b| \geq |a + bi|$$

ist, so ergibt sich nach W:

21) *Ein additives Aggregat aus unendlich vielen rationalen komplexen Zahlen konvergiert dann und nur dann, wenn das Aggregat aus den absoluten Beträgen konvergiert.*

Aus der Erklärung der Gleichheit folgt sofort:

Das Aggregat $\Gamma \equiv \{a + bi\}$ ist dann und nur dann gleich Null, wenn jede seiner Koordinaten, $\{a\}$ und $\{b\}$, gleich Null ist, und weiter: auf ein konvergentes additives Aggregat $\Gamma \equiv \{a + bi\}$ kann das Prinzip der Gruppenbildung angewendet werden.

Greift man nämlich aus dem Aggregate $\{a\}$ durch irgend eine Regel endlich oder unendlich viele Glieder heraus — a sei der Repräsentant eines solchen — und ebenso aus dem Aggregate $\{b\}$ endlich oder unendlich viele Glieder, deren Repräsentant b sei, heraus und bildet nach ein-eindeutiger Zuordnung der a und b das additive Aggregat $\mathfrak{g} \equiv \{\mathfrak{a} + \mathfrak{b}i\}$, so ist unmittelbar zu ersehen, daß dasselbe konvergiert, ferner, daß das Aggregat $\mathfrak{G}$ aus allen Aggregaten $\mathfrak{g}$ konvergiert — wobei selbstverständlich jedes a und ebenso jedes b in eine und nur eine Gruppe aufzunehmen ist — und dem ursprünglichen Aggregate Γ gleich ist; hierbei können auch noch in den Koordinaten von $\mathfrak{g}$ die im § 18 erwähnten Transformationen vorgenommen werden.

§ 25. Die Rechnungsoperationen mit konvergenten additiven Aggregaten aus unendlich vielen komplexen Zahlen; Satz über das Aggregat aus den absoluten Beträgen.

Die Durchführung der Rechnungsoperationen mit konvergenten Aggregaten von unendlich vielen rationalen komplexen Zahlen unterliegt keinen Schwierigkeiten.

§ 25. Die Rechnungsoperationen.

Die Summe $\Gamma + \Gamma'$ wird erklärt durch das additive Aggregat, welches alle Glieder $a + bi$ von Γ und alle Glieder $a' + b'i$ von Γ' enthält und offenbar zugleich mit Γ und Γ' konvergiert; läßt sich durch irgend eine Regel jeder Zahl $a + bi$ eine Zahl $a' + b'i$ zuordnen und umgekehrt, so kann die Summe $\Gamma + \Gamma'$ nach dem Prinzipe der Gruppenbildung durch das additive Aggregat $\{a + a', (b + b')i\}$ dargestellt werden.

Mit Γ' zugleich konvergiert auch das zu Γ' „entgegengesetzte" Aggregat $\{-a' - b'i\}$, welches durch $-\Gamma'$ bezeichnet wird. Schreiben wir abkürzend statt $\Gamma + (-\Gamma')$ nur $\Gamma - \Gamma'$, so ist damit ein konvergentes additives Aggregat $\Gamma'' \equiv \Gamma - \Gamma'$ gegeben, so beschaffen, daß $\Gamma'' + \Gamma' = \Gamma$ ist; dasselbe wird als die Differenz $\Gamma - \Gamma'$ bezeichnet. Dabei ist das Zeichen — ursprünglich als Operationszeichen und nicht als ein Qualitätszeichen aufzufassen; die Operation des „Abziehens" oder „Subtrahierens" des Aggregates Γ' von Γ ist nur dann ausführbar, wenn $\{a\} \geqq \{a'\}$ und zugleich $\{b\} \geqq \{b'\}$ ist; die Bildung des zu Γ' entgegengesetzten Aggregates $-\Gamma'$ ist aber unter allen Umständen ausführbar, und das Aggregat $\Gamma'' \equiv \Gamma - \Gamma'$ hat eben unter allen Umständen die Eigenschaft, daß $\Gamma'' + \Gamma' = \Gamma$ ist; damit rechtfertigt sich der Gebrauch des ursprünglichen Operationszeichens — als Qualitätszeichen für die entgegengesetzten Größen.

Die Erklärung des Produktes $\Gamma\Gamma'$ wird durch die Distributivität nach vorwärts zurückgeführt auf die Erklärung der Produktsymbole $\Gamma(a' + b'i)$ und diese durch die Distributivität nach rückwärts auf das additive Aggregat aller Produkte

$$(a + bi)(a' + b'i) = aa' - bb' + (ab' + a'b)i.$$

Die Konvergenz dieses Aggregates steht fest durch die Voraussetzung der Konvergenz von Γ und Γ'. Man hätte aber auch die Erklärung des Produktes $\Gamma\Gamma'$ durch die Distributivität nach rückwärts auf die Erklärung der Produktsymbole

64 V. Additive Aggregate aus unendlich vielen komplexen Zahlen.

$(a - bi)\Gamma'$ und diese durch die Distributivität nach vorwärts auf das Aggregat aus allen Produkten $(a + bi)(a' + b'i)$ zurückführen können. Demnach werden die Produkte $\Gamma\Gamma'$ und $\Gamma'\Gamma$ durch das Aggregat

$$\{aa' - bb' + (ab' + a'b)i\}$$

erklärt, wobei jedes einzelne Glied $a + bi$ von Γ mit jedem Gliede $a' + b'i$ von Γ' zu kombinieren ist.

Mit Γ zugleich ist auch das „konjugierte" Aggregat $\overline{\Gamma} \equiv \{a - bi\}$ gegeben; das Produkt $\Gamma\overline{\Gamma} = \{a\}^2 + \{b\}^2$ heißt die Norm von Γ oder Γ'; die positive Quadratwurzel aus der Norm heißt der absolute Betrag von Γ und wird nach W mit $|\Gamma|$ bezeichnet. Demnach ist:

$$|\Gamma|^2 = \{a\}^2 + \{b\}^2 = \{a^2\} + \{b^2\} + \{a\underline{a} + b\underline{b}\}$$

wobei $\underline{a} + \underline{b}i$ jedes Glied von Γ repräsentiert, welches nicht $a + bi$ ist, und bei der Bildung von $\{a\underline{a} + b\underline{b}\}$ jedes Paar a, b einzeln mit jedem Paare $\underline{a}, \underline{b}$ zu kombinieren ist.

Andrerseits ist:

$$\{|a+bi|\}^2 = \{\sqrt{a^2+b^2}\}^2 = \{a^2 + b^2\} + \{\sqrt{a^2+b^2}\sqrt{\underline{a}^2+\underline{b}^2}\},$$

wobei jeder Quadratwurzel ihr positiver Wert zu erteilen ist. Nun ist aber

$$(a\underline{a} + b\underline{b})^2 + (a\underline{b} - \underline{a}b)^2 = (a^2 + b^2)(\underline{a}^2 + \underline{b}^2),$$

folglich gewiß

$$\{a\underline{a} + b\underline{b}\} \leq \{\sqrt{a^2+b^2}\sqrt{\underline{a}^2+\underline{b}^2}\},$$

also auch

$$|\{a+bi\}| \leq \{|a+bi|\},$$

d. h. es gilt der Satz:

22) *Der absolute Betrag eines konvergenten additiven Aggregates von unendlich vielen rationalen komplexen Zahlen ist nicht größer als das additive Aggregat der absoluten Beträge.*

§ 26. Addit. Aggr. komplexer Zahlen mit irrat. Koordinaten.

Sind $\Gamma \equiv A + Bi$ und $\Gamma' \equiv A' + B'i$ zwei konvergente Aggregate und insbesondere Γ' von Null verschieden, so gibt es ein konvergentes Aggregat $\Gamma'' \equiv A'' + B''i$ so beschaffen, daß $\Gamma = \Gamma'\Gamma''$ ist. Zur Gleichheit

$$A + Bi = (A' + B'i)(A'' + B''i) = A'A'' - B'B'' + (B'A'' + A'B'')i$$

ist nämlich erforderlich

$$A'A'' - B'B'' = A \quad \text{und} \quad B'A'' + A'B'' = B.$$

Hieraus folgt aber, nachdem die Rechnungsoperationen mit den konvergenten additiven Aggregaten A, B, A', B' aus reellen Zahlen erörtert sind,

$$(A'^2 + B'^2)A'' = AA' + BB', \quad (A'^2 + B'^2)B'' = -AB' + BA';$$

wenn also Γ' von Null verschieden ist, so werden hierdurch die Koordinaten A'' und B'' eindeutig bestimmt. Das Aggregat Γ'' stellt den Quotienten $\dfrac{\Gamma}{\Gamma'}$ dar, oder das Resultat der Division $\Gamma : \Gamma'$.

§ 26. Additive Aggregate aus unendlich vielen komplexen Zahlen mit irrationalen Koordinaten.

Bisher waren die Glieder der betrachteten additiven Aggregate als rationale komplexe Zahlen vorausgesetzt; sind aber die Koordinaten der einzelnen Glieder selbst irrationale reelle Zahlen, also konvergente additive Aggregate, etwa $\mathfrak{A} \equiv \{\mathfrak{a}\}$ und $\mathfrak{B} \equiv \{\mathfrak{b}\}$, so daß ein solches Aggregat durch $\{\mathfrak{A} + \mathfrak{B}i\}$ dargestellt wird, so ist zu bemerken, daß die Betrachtung derartiger Aggregate durch das Prinzip der Gruppenbildung auf die der additiven Aggregate aus rationalen komplexen Zahlen zurückgeführt wird, wenn nur die eine Bedingung erfüllt ist, daß das additive Aggregat, welches aus allen rationalen Gliedern $\mathfrak{a} + \mathfrak{b}i$ aller Aggregate $\mathfrak{A} + \mathfrak{B}i$ besteht, selbst konvergiert, oder mit anderen Worten, daß die Aggregate $\{\{\mathfrak{a}\}\}$

66 V. Additive Aggregate aus unendlich vielen komplexen Zahlen.

und $\{\{\mathfrak{b}\}\}$ konvergieren; denn dann ist eben nach dem Prinzip der Gruppenbildung

$$\{\mathfrak{A} + \mathfrak{B}i\} = \{\{\mathfrak{a} + \mathfrak{b}i\}\} = \{\alpha + \beta i\},$$

wobei nun $\alpha + \beta i$ der Repräsentant der sämtlichen rationalen komplexen Zahlen $\mathfrak{a} + \mathfrak{b}i$ ist, die in den sämtlichen Gliedern $\mathfrak{A} + \mathfrak{B}i$ des betrachteten Aggregates auftreten, nachdem man, eventuell nach Hinzunahme von beliebig vielen Nullen, eine ein-eindeutige Zuordnung der $\mathfrak{a}$ und $\mathfrak{b}$ einer jeden solchen Zahl $\mathfrak{A} + \mathfrak{B}i$ hergestellt hat. Die Resultate der Betrachtung additiver Aggregate von unendlich vielen rationalen komplexen Zahlen gelten dann auch für die Aggregate von unendlich vielen irrationalen komplexen Zahlen.

Für die Erklärung der Gleichheit, sowie für die Addition und Subtraktion ist dies unmittelbar evident. Aber auch bezüglich der Multiplikation und Division ist dies leicht zu ersehen. Sind

$$\mathfrak{Z} \equiv \{\mathfrak{A} + \mathfrak{B}i\} = \{\alpha + \beta i\} \quad \text{und} \quad \mathfrak{Z}' \equiv \{\mathfrak{A}' + \mathfrak{B}'i\} = \{\alpha' + \beta' i\}$$

zwei Aggregate der betrachteten Art, für welche also die Aggregate $\{\alpha\}$, $\{\beta\}$, $\{\alpha'\}$, $\{\beta'\}$ konvergieren, so wird das Produkt $\mathfrak{Z}\mathfrak{Z}'$ durch das Aggregat $\{\alpha\alpha' - \beta\beta' + (\alpha\beta' + \alpha'\beta)i\}$ dargestellt, wobei jedes einzelne Paar α, β mit jedem Paare α', β' zu kombinieren ist. Greifen wir jetzt diejenigen Glieder heraus, die den sämtlichen Paaren α, β; α', β' entsprechen, welche einer bestimmten Zahl $\mathfrak{A} + \mathfrak{B}i$ und einer bestimmten Zahl $\mathfrak{A}' + \mathfrak{B}'i$ angehören, so ist das Aggregat derselben offenbar das Produkt $(\mathfrak{A} + \mathfrak{B}i)(\mathfrak{A}' + \mathfrak{B}'i)$, d. h. also: durch passende Gruppierung der Glieder kann das Aggregat

$$\{\alpha\alpha' - \beta\beta' + (\alpha\beta' + \alpha'\beta)i\},$$

welches das Produkt $\mathfrak{Z}\mathfrak{Z}'$ darstellt, auf die Form

$$\{\mathfrak{A}\mathfrak{A}' - \mathfrak{B}\mathfrak{B}' + (\mathfrak{A}\mathfrak{B}' + \mathfrak{A}'\mathfrak{B})i\}$$

§ 26. Addit. Aggr. komplexer Zahlen mit irrat. Koordinaten. 67

gebracht werden, so daß in der Tat die Multiplikation der additiven Aggregate aus unendlich vielen irrationalen komplexen Zahlen nach denselben Gesetzen auszuführen ist, wie die der additiven Aggregate aus rationalen komplexen Zahlen.

Hieraus folgt sofort, daß auch die Division $\mathfrak{Z} : \mathfrak{Z}'$, unter der Voraussetzung, daß $\mathfrak{Z}'$ von Null verschieden ist, nach denselben Regeln auszuführen ist, wie die Division $\Gamma : \Gamma'$. Bezeichnen wir:

$$\mathfrak{Z} \equiv \mathfrak{U} + \mathfrak{V}i, \quad \mathfrak{Z}' \equiv \mathfrak{U}' + \mathfrak{V}'i, \quad \mathfrak{Z}'' \equiv \mathfrak{U}'' + \mathfrak{V}''i$$

so werden die Koordinaten des Aggregates $\mathfrak{Z}''$, welches die Forderung $\mathfrak{Z} = \mathfrak{Z}'\mathfrak{Z}''$ erfüllt, durch die Formeln:

$$(\mathfrak{U}'^2 + \mathfrak{V}'^2)\mathfrak{U}'' = \mathfrak{U}\mathfrak{U}' + \mathfrak{V}\mathfrak{V}', \quad (\mathfrak{U}'^2 + \mathfrak{V}'^2)\mathfrak{V}'' = -\mathfrak{U}\mathfrak{V}' + \mathfrak{V}\mathfrak{U}'$$

bestimmt.

Sechste Vorlesung.

Die multiplikativen Aggregate aus unendlich vielen Zahlen.

§ 27. Die Weierstrasssche Erklärung des multiplikativen Aggregates durch ein additives.

Wenn unendlich viele rationale oder irrationale, reelle oder komplexe Zahlen, als deren Repräsentanten wir den Buchstaben b gebrauchen, durch irgend eine Definition oder ein Rechnungsverfahren gegeben werden, so können wir aus jeder endlichen Anzahl derselben das Produkt bilden, nennen in diesem Sinne das Aggregat der unendlich vielen Zahlen b ein **multiplikatives Aggregat** und bezeichnen es durch $[b]$. Die Multiplikation kann natürlich nicht unmittelbar auf das Aggregat aus den unendlich vielen Zahlen b ausgedehnt werden, oder mit anderen Worten, es ist zunächst die arithmetische Definition eines solchen multiplikativen Aggregates aufzustellen.

Dieselbe ist jedenfalls so zu geben, daß sie die Erklärung des Produktes von endlich vielen Zahlen in sich enthält. WEIERSTRASS hat eine solche Definition durch ein **additives Aggregat** gegeben, ausgehend von der Bemerkung, daß ein Produkt aus einer endlichen Anzahl von Faktoren

$$1 + a_1, \ 1 + a_2, \ \ldots \ 1 + a_k$$

durch die Summe

§ 28. Bedingung für die Konvergenz eines multiplikat. Aggregates. 69

$$1 + \sum_{i=1}^{k} a_i + \sum_{i_1=1}^{k-1} \sum_{i_2=i_1+1}^{k} a_{i_1} \cdot a_{i_2} + \sum_{i_1=1}^{k-2} \sum_{i_2=i_1+1}^{k-1} \sum_{i_3=i_2+1}^{k} a_{i_1} a_{i_2} a_{i_3}$$
$$+ \cdots + a_1 a_2 a_3 \ldots a_k$$

dargestellt wird.

Dadurch wird der Gedanke nahe gelegt, jede der Zahlen b durch $1 + (b-1)$ zu ersetzen, wobei wir zur Abkürzung $b-1$ mit a bezeichnen, und zunächst rein formal das additive Aggregat zu bilden, bestehend aus 1, aus dem additiven Aggregate $\{a\}$ aller Zahlen a, aus dem additiven Aggregate $\{aa'\}$ je zwei verschiedener der Zahlen a, wobei aber von je zwei Produkten aa' und $a'a$ nur eines aufzunehmen ist, ferner aus dem additiven Aggregat $\{aa'a''\}$ aller Produkte von je drei verschiedenen Zahlen a, wobei aber auch von den sechs möglichen Permutationen dreier Faktoren nur eine aufzunehmen ist usw., d. h. also das additive Aggregat zu bilden

23) $\qquad 1 + \{a\} + \{aa'\} + \{aa'a''\} + \cdots$ in inf.

Wenn nun dieses additive Aggregat konvergiert, so definieren wir durch dasselbe nach WEIERSTRASS das multiplikative Aggregat $[b]$.

Bezeichnen wir den absoluten Betrag $|a|$ mit A, so hängt, wie bekannt, die Konvergenz des Aggregates 23) ab von der Konvergenz des Aggregates

24) $\qquad 1 + \{A\} + \{AA'\} + \{AA'A''\} + \cdots$ in inf.

§ 28. Notwendige und hinreichende Bedingung für die Konvergenz eines multiplikativen Aggregates.

Nun ist wesentlich zu erkennen, daß die Konvergenz dieses Aggregates durch die Konvergenz des Aggregates $\{A\}$ allein bedingt ist (W). Konvergiert nämlich $\{A\}$, so können wir aus demselben eine endliche Anzahl von Gliedern, sie seien mit

$$A_1, A_2, \ldots A_n$$

bezeichnet, so absondern, daß das Aggregat der übrigbleibenden unendlich vielen Glieder, die wir durch den Buchstaben M repräsentieren, kleiner ist als eine bestimmte, beliebig klein anzunehmende positive Zahl α, die wir vorerst nur kleiner als 1 wählen. Es ist also dann

und
$$\{A\} = A_1 + A_2 + \cdots + A_n + \{M\}$$
$$\{M\} < \alpha < 1.$$

Betrachten wir jetzt das additive Aggregat
$$1 + \{M\} + \{MM'\} + \{MM'M''\} + \cdots \text{ in inf.,}$$
so ist in der Tat leicht zu sehen, daß dasselbe konvergiert. Denn es ist
$$\{MM'\} < \{M\}^2 < \alpha^2, \quad \{MM'M''\} < \{M\}^3 < \alpha^3, \text{ usw.}$$
Multipliziert man nun dieses konvergente additive Aggregat mit dem Produkte
$$(1+A_1)(1+A_2)\cdots(1+A_n) =$$
$$1 + \sum_{i=1}^{n} A_i + \sum_{i_1=1}^{n-1} \sum_{i_2=i_1+1}^{n} A_{i_1} A_{i_2} + \cdots,$$
so ist das Resultat gewiß wieder ein konvergentes additives Aggregat und zwar gerade das Aggregat 24), denn es ergibt sich:
$$1 + \{M\} + \Sigma A_i + \{MM'\} + \{M\}\Sigma A_i + \Sigma A_{i_1} A_{i_2} +$$
$$+ \{MM'M''\} + \{MM'\}\Sigma A_i + \{M\}\Sigma A_{i_1} A_{i_2} + \Sigma A_{i_1} A_{i_2} A_{i_3} + \cdots$$

Es setzt sich ja zusammen:
$$\{A\} \text{ aus } \Sigma A_i \text{ und } \{M\};$$
$$\{AA'\} \text{ aus } \{MM'\}, \{M\}\Sigma A_i \text{ und } \Sigma A_{i_1} A_{i_2};$$
$$\{AA'A''\} \text{ aus } \{MM'M''\}, \{MM'\}\Sigma A_i, \{M\}\Sigma A_{i_1} A_{i_2} \text{ und}$$
$$\Sigma A_{i_1} A_{i_2} A_{i_3} \text{ usw.,}$$

d. h. also: das Aggregat 24) konvergiert dann und nur dann,

wenn $\{A\}$ konvergiert. Dann aber konvergiert eben auch das Aggregat **23)** und durch dieses wird nun nach WEIERSTRASS das multiplikative Aggregat $[1+a]$ oder $[b]$ erklärt. Das Ergebnis ist also folgendes:

25) *Ein multiplikatives Aggregat $[b]$ von unendlich vielen rationalen oder irrationalen, reellen oder komplexen Zahlen b hat dann und nur dann eine arithmetische Bedeutung, oder konvergiert dann und nur dann, wenn das zugehörige additive Aggregat $\{b-1\}$ konvergiert.*

Bezeichnet man zur Abkürzung $b-1$ mit a, so wird $[b] = [1+a]$ definiert durch

$$1 + \{a\} + \{aa'\} + \{aa'a''\} + \cdots \text{ in inf.}$$

§ 29. Konvergente multiplikative Aggregate haben den Charakter eines Produktes.

Hierbei ist von einer bestimmten Anordnung der einzelnen Glieder $1+a$ des multiplikativen Aggregates überhaupt nicht die Rede, wesentlich ist nur, daß bei der Bildung des definierenden additiven Aggregates

$$1 + \{a\} + \{aa'\} + \{aa'a''\} + \cdots$$

jede der Zahlen a in der angegebenen Weise zu Verwendung kommt; das konvergente multiplikative Aggregat $[1+a]$ ist daher von der Anordnung seiner Glieder $1+a$ völlig unabhängig; aber noch mehr: ordnet man die sämtlichen Glieder $1+a$ in endlich oder unendlich viele Gruppen an — $1+\mathfrak{g}$ sei der Repräsentant einer solchen Gruppe, die endlich oder unendlich viele Glieder enthalten kann —, so überzeugt man sich leicht von folgendem (W):

26) 1. *Enthält eine solche Gruppe $1+\mathfrak{g}$ unendlich viele Glieder $1+a$, die in ihrer Zugehörigkeit zu $1+\mathfrak{g}$ mit $1+a_\mathfrak{g}$ bezeichnet werden mögen, so konvergiert das multiplikative Aggregat $[1+a_\mathfrak{g}]$, erstreckt über alle Glieder der Gruppe $1+\mathfrak{g}$.*

VI. Multiplikative Aggregate.

2. *Ist die Anzahl der gebildeten Gruppen unendlich groß, so konvergiert das multiplikative Aggregat* $[1 + \mathfrak{g}]$ *aus allen Gruppen.*

3. *Das multiplikative Aggregat* $[1 + \mathfrak{g}]$ *ist dem ursprünglichen Aggregate* $[1 + a]$ *gleich.*

ad 1. Zur Konvergenz von $[1 + a_\mathfrak{g}]$ ist erforderlich die Konvergenz des additiven Aggregates $\{A_\mathfrak{g}\}$ aus den absoluten Beträgen $A_\mathfrak{g}$ der Glieder $a_\mathfrak{g}$; diese ist aber nach der Voraussetzung über die Konvergenz des additiven Aggregates $\{A\}$ selbstverständlich, da jedes $A_\mathfrak{g}$ ein A ist.

ad 2. Zur Konvergenz des multiplikativen Aggregates $[1 + \mathfrak{g}]$ ist nur erforderlich die Konvergenz des additiven Aggregates $\{\mathfrak{G}\}$ der absoluten Beträge der sämtlichen $\mathfrak{g}$; nun ist $1 + \mathfrak{g}$ definiert durch das additive Aggregat:

$$1 + \{a_\mathfrak{g}\} + \{a_\mathfrak{g} a'_\mathfrak{g}\} + \{a_\mathfrak{g} a'_\mathfrak{g} a''_\mathfrak{g}\} + \cdots$$

(mit der angegebenen Regel für die Bildung von $\{a_\mathfrak{g} a'_\mathfrak{g}\}$, $\{a_\mathfrak{g} a'_\mathfrak{g} a''_\mathfrak{g}\}$, usw.); folglich ist $\mathfrak{G}$ gewiß nicht größer als

$$\{A_\mathfrak{g}\} + \{A_\mathfrak{g} A'_\mathfrak{g}\} + \{A_\mathfrak{g} A'_\mathfrak{g} A''_\mathfrak{g}\} + \cdots;$$

da nun aber der Voraussetzung nach

$$\{A\} + \{AA'\} + \{AA'A''\} + \cdots$$

konvergiert, so konvergiert sicher auch das additive Aggregat $\{\mathfrak{G}\}$.

ad 3. $[1 + \mathfrak{g}]$ ist definiert durch

$$1 + \{\mathfrak{g}\} + \{\mathfrak{g}\mathfrak{g}_1\} + \{\mathfrak{g}\mathfrak{g}_1\mathfrak{g}_2\} \cdots,$$

wobei $\mathfrak{g}_1$ jede der von $\mathfrak{g}$ verschiedenen Gruppen bezeichnet, $\mathfrak{g}_2$ jede der von $\mathfrak{g}$ und $\mathfrak{g}_1$ verschiedenen usw. und wieder von den Produkten $\mathfrak{g}\mathfrak{g}_1$ und $\mathfrak{g}_1\mathfrak{g}$ nur eines aufzunehmen ist usw. Ferner ist

$$\mathfrak{g} \equiv \{a_\mathfrak{g}\} + \{a_\mathfrak{g} a'_\mathfrak{g}\} + \{a_\mathfrak{g} a'_\mathfrak{g} a''_\mathfrak{g}\} + \cdots$$
$$\mathfrak{g}_1 \equiv \{a_{\mathfrak{g}_1}\} + \{a_{\mathfrak{g}_1} a'_{\mathfrak{g}_1}\} + \{a_{\mathfrak{g}_1} a'_{\mathfrak{g}_1} a''_{\mathfrak{g}_1}\} + \cdots$$
$$\mathfrak{g}_2 \equiv \{a_{\mathfrak{g}_2}\} + \{a_{\mathfrak{g}_2} a'_{\mathfrak{g}_2}\} + \{a_{\mathfrak{g}_2} a'_{\mathfrak{g}_2} a''_{\mathfrak{g}_2}\} + \cdots$$
$$\cdots \cdots \cdots \cdots \cdots \cdots \cdots \cdots \cdots \cdots \cdots ;$$

§ 29. Produkt-Charakter. 73

nun ist in der Tat leicht zu ersehen, daß jedes Glied des additiven Aggregates, durch welches $[1 + a]$ definiert wird, auch ein Glied des additiven Aggregates ist, durch welches $[1 + \mathfrak{g}]$ definiert wird und umgekehrt. Jedes Glied a von $\{a\}$ kommt in einem und nur einem Aggregate $\{a_\mathfrak{g}\}$ vor, weil ja jedes a in eine und nur eine Gruppe $\mathfrak{g}$ aufzunehmen ist. Ein Glied aa' kommt in $\{a_\mathfrak{g} a'_\mathfrak{g}\}$ vor, wenn a und a' beide derselben Gruppe $\mathfrak{g}$ angehören; gehört aber a zur Gruppe $\mathfrak{g}$, a' zur Gruppe $\mathfrak{g}_1$, so kommt aa' sicher in dem Gliede $\{a_\mathfrak{g}\}\{a_{\mathfrak{g}_1}\}$ von $\{\mathfrak{g}\mathfrak{g}_1\}$ vor. Analoges gilt für das Glied $aa'a''$; gehören a, a', a'' derselben Gruppe $\mathfrak{g}$ an, so kommt $aa'a''$ in $\{a_\mathfrak{g} a'_\mathfrak{g} a''_\mathfrak{g}\}$ vor; gehört a der Gruppe $\mathfrak{g}$, a' und a'' der Gruppe $\mathfrak{g}_1$ an, so kommt $aa'a''$ im Produkte $\{a_\mathfrak{g}\}\{a_{\mathfrak{g}_1} a'_{\mathfrak{g}_1}\}$, also in $\{\mathfrak{g}\mathfrak{g}_1\}$ vor; gehören endlich a, a', a'' drei verschiedenen Gruppen $\mathfrak{g}, \mathfrak{g}_1, \mathfrak{g}_2$ an, so kommt das Produkt $aa'a''$ im Produkte $\{a_\mathfrak{g}\}\{a_{\mathfrak{g}_1}\}\{a_{\mathfrak{g}_2}\}$, also in $\{\mathfrak{g}\mathfrak{g}_1\mathfrak{g}_2\}$ vor.

Gehören $a, a', \ldots a^{(i-1)}$ der Gruppe $\mathfrak{g}$ an, $a^{(i)}, a^{(i+1)}, \ldots a^{(i+i_1-1)}$ der Gruppe $\mathfrak{g}_1$, $a^{(i+i_1)}, a^{(i+i_1+1)}, \ldots a^{(i+i_1+i_2-1)}$ der Gruppe $\mathfrak{g}_2$ usw., endlich $a^{(i+i_1+i_2+\cdots+i_{k-1})}, a^{(i+i_1+i_2+\cdots+i_{k-1}+1)}, \ldots a^{(i+i_1+i_2+\cdots+i_{k-1}+i_k-1)}$ der Gruppe $\mathfrak{g}_k$, so kommt das Produkt
$$aa'\ldots a^{(i-1)}a^{(i)}a^{(i+1)}\ldots a^{(i+i_1-1)}\ldots a^{(i+i_1+\cdots+i_{k-1})}a^{(i+i_1+\cdots+i_{k-1}+1)}$$
$$\ldots a^{(i+i_1+\cdots+i_{k-1}+i_k-1)}$$

in $\{\mathfrak{g}\mathfrak{g}_1\mathfrak{g}_2 \ldots \mathfrak{g}_k\}$ vor, d. h. also, jedes Glied des additiven Aggregates, durch welches $[1 + a]$ definiert wurde, kommt auch in dem additiven Aggregate vor, durch welches $[1 + \mathfrak{g}]$ definiert wurde.

Aber auch umgekehrt; das Produkt $\mathfrak{g}\mathfrak{g}_1\mathfrak{g}_2 \ldots \mathfrak{g}_{k-1}$, der Repräsentant aller Glieder des Aggregates

$$\{\mathfrak{g}\} + \{\mathfrak{g}\mathfrak{g}_1\} + \{\mathfrak{g}\mathfrak{g}_1\mathfrak{g}_2\} + \cdots,$$

besteht aus Gliedern von der Form

$$a_\mathfrak{g} a'_\mathfrak{g} \ldots a_\mathfrak{g}^{(\lambda-1)} a_{\mathfrak{g}_1} a'_{\mathfrak{g}_1} \ldots a_{\mathfrak{g}_1}^{(\lambda_1-1)} \ldots a_{\mathfrak{g}_{k-1}} a'_{\mathfrak{g}_{k-1}} \ldots a_{\mathfrak{g}_{k-1}}^{(\lambda_{k-1}-1)};$$

ein solches Glied kommt aber sicher vor in dem additiven Aggregate
$$\{aa'a''\ldots a^{(\lambda+\lambda_1+\lambda_2+\cdots+\lambda_{k-1})}\},$$
also in dem additiven Aggregate, durch welches $[1+a]$ definiert wurde.

Ein konvergentes multiplikatives Aggregat ist also, wie ein Produkt aus endlich vielen Faktoren, vollkommen unabhängig von der Aufeinanderfolge und Gruppierung seiner Glieder; damit rechtfertigt sich der Gebrauch der Bezeichnung „Faktor" für die Glieder eines konvergenten multiplikativen Aggregates und „Produkt" der unendlich vielen Faktoren $1+a$ für das Aggregat selbst. (Minder geeignet erscheint die ihrer Kürze wegen doch oft gebrauchte Bezeichnung „unendliches Produkt".) So wird z. B. das multiplikative Aggregat aus allen Zahlen
$$1-\frac{1}{\nu^2}\ (\nu=2,3,4,\ldots),$$
dessen Konvergenz feststeht, durch
$$\prod_{\nu=2}^{\infty}\left(1-\frac{1}{\nu^2}\right)$$
bezeichnet.

§ 30. Einige Sätze über multiplikative Aggregate.

27) *Sind*

und
$$P \equiv [1+a] = 1 + \{a\} + \{aa'\} + \{aa'a''\} + \cdots$$
$$Q \equiv [1+b] = 1 + \{b\} + \{bb'\} + \{bb'b''\} + \cdots$$

zwei konvergente multiplikative Aggregate, so konvergiert mit $\{A\}(A\equiv|a|)$ *und* $\{B\}(B\equiv|b|)$ *auch das multiplikative Aggregat aus allen Faktoren* $1+a$ *und allen Faktoren* $1+b$ *und stellt nach dem Prinzipe der Gruppenbildung das Produkt* PQ *dar.*

Dieser Satz ist ersichtlich ohne weiteres auszudehnen auf eine beliebige endliche Anzahl von konvergenten multiplikativen

§ 30. Einige Sätze über multiplikative Aggregate.

Aggregaten. Berücksichtigt man den Satz § 29 26), so ersieht man sofort, daß, wenn n eine Anzahl bezeichnet,

$$P^n = [(1+a)^n]$$

ist.

Bezeichnet $\bar{a}$ die zu a konjugierte komplexe Zahl, so konvergiert mit $[1+a]$ zugleich auch $\overline{P} \equiv [1+\bar{a}]$, weil ja $|\bar{a}| = |a|$ ist, und stellt die zu $P \equiv [1+a]$ konjugierte komplexe Zahl dar, weil zufolge der Definitionen

$$P \equiv 1 + \{a\} + \{aa'\} + \{aa'a''\} + \cdots$$
$$\overline{P} \equiv 1 + \{\bar{a}\} + \{\bar{a}\bar{a}'\} + \{\bar{a}\bar{a}'\bar{a}''\} + \cdots$$

P und $\overline{P}$ übereinstimmende erste, aber entgegengesetzte zweite Koordinaten haben. Nun ist:

$$P\overline{P} = [1+a][1+\bar{a}] = [(1+a)(1+\bar{a})] = [|1+a|^2],$$

$|1+a| - 1 \leq 1 + A - 1 = A$; folglich konvergiert $[|1+a|]$ und es ist $|P|^2 = [|1+a|]^2$ und daher auch

$$|P| = [|1+a|].$$

Es gilt also auch für konvergente Produkte aus unendlich vielen Faktoren der Satz:

28) *Der absolute Betrag des Produktes ist gleich dem Produkte der absoluten Beträge.*

29) *Schlägt man um den Punkt 1 einen Kreis vom Radius δ, so liegen außerhalb dieses Kreises und auf demselben immer nur endlich viele Faktoren $1+a$ eines konvergenten multiplikativen Aggregates $P \equiv [1+a]$.*

Es gibt ja, da $\{A\}$ konvergiert, nur eine endliche Anzahl von Zahlen A, die nicht kleiner als δ sind: repräsentiert $\hat{A} \equiv |\hat{a}|$ die unendlich vielen übrigen, so ist $\hat{A} < \delta$ und daher auch $|(1+\hat{a}) - 1| = \hat{A} < \delta$ d. h. alle Punkte $1 + \hat{a}$ liegen innerhalb des Kreises vom Radius δ aus dem Zentrum 1.

VI. Multiplikative Aggregate.

Anderseits kann man aus dem konvergenten Aggregate $\{A\}$ eine endliche Anzahl von Gliedern — sie seien mit $A_1 \equiv |a_1|$, $A_2 \equiv |a_2|, \cdots A_n \equiv |a|$ bezeichnet — so absondern, daß das Aggregat $\{\tilde{A}\}$ aus den übrigbleibenden Gliedern $\tilde{A} \equiv |\tilde{a}|$ kleiner ist als eine beliebig klein anzunehmende Zahl $\alpha < 1$. Bezeichnet man

$$P_n \equiv (1 + a_1)(1 + a_2) \cdots (1 + a_n), \quad \tilde{P} \equiv [1 + \tilde{a}]$$

so ist

$$|\tilde{P} - 1| = |\{\tilde{a}\} + \{\tilde{a}\tilde{a}'\} + \{\tilde{a}\tilde{a}'\tilde{a}''\} + \cdots|$$
$$\leq \{\tilde{A}\} + \{\tilde{A}\tilde{A}'\} + \{\tilde{A}\tilde{A}'\tilde{A}''\} + \cdots$$
$$< \alpha + \alpha^2 + \alpha^3 + \cdots = \frac{\alpha}{1 - \alpha} \quad \text{d. h.:}$$

30) *Aus einem konvergenten multiplikativen Aggregate P läßt sich stets eine endliche Anzahl von Faktoren so absondern, daß das multiplikative Aggregat $\tilde{P}$ der unendlich vielen übrigen Faktoren dem Werte 1 beliebig nahe kommt, so daß $|\tilde{P} - 1| < \varepsilon$ ist, eine beliebig klein anzunehmende, bestimmte positive Zahl.*

Da nun $P = P_n \tilde{P}$ und $|\tilde{P}| > 1 - \varepsilon$ ist, so ergibt sich daraus, wenn man nur $\varepsilon < 1$ wählt, sofort die Einsicht:

31) *Ein konvergentes multiplikatives Aggregat verschwindet dann und nur dann, wenn mindestens einer seiner Faktoren gleich Null ist.*

Da ferner $|P_n| < 1 + \{A\} + \{AA'\} + \{AA'A''\} + \cdots$ ist, eine nach der Voraussetzung über die Konvergenz von $\{A\}$ bestimmte endliche Zahl, die mit G bezeichnet sein mag, so folgt $|P - P_n| = |P_n \tilde{P} - P_n| = |P_n| |\tilde{P} - 1| < G\varepsilon$, d. h., da $G\varepsilon$ durch Verkleinerung des ε kleiner gemacht werden kann als eine beliebig klein anzunehmende, bestimmte positive Zahl η, der Satz:

32) *Aus einem konvergenten multiplikativen Aggregate P kann immer eine endliche Anzahl von Faktoren so abgesondert werden, daß das Produkt P_n derselben dem Aggregate P beliebig nahe kommt, d. h. $|P - P_n| < \eta$ ist.*

§ 30. Einige Sätze über multiplikative Aggregate.

Dieser Satz hätte auch unmittelbar aus der Definition eines konvergenten multiplikativen Aggregates entnommen werden können. Aus dem Aggregate

$$1 + \{A\} + \{AA'\} + \{AA'A''\} + \cdots$$

kann man nämlich eine endliche Anzahl von Gliedern der Form $AA'A'' \cdots A^{(i-1)}$ so absondern, daß das Aggregat der übrigen kleiner ist als eine bestimmte, beliebig klein zu wählende, positive Zahl η; in diesen Gliedern kommen nur endlich viele A vor; sie seien mit

$$A_1 \equiv |a_1|, \ A_2 \equiv |a_2|, \ \cdots A_n \equiv |a_n|$$

bezeichnet; umfassen die herausgegriffenen Glieder bereits alle Glieder des Aggregates $1 + \{A\} + \{AA'\} + \cdots$, zu deren Bildung nur $A_1 A_2 \cdots A_n$ verwendet werden, so ist offenbar die Summe der entsprechenden Glieder des Aggregats

$$1 + \{a\} + \{aa'\} + \cdots$$

gerade das Produkt

$$P_n \equiv (1 + a_1)(1 + a_2) \cdots (1 + a_n),$$

ist dies nicht der Fall, so wird man die noch nicht aufgenommenen Glieder hinzufügen können, wobei die verlangte Bedingung für den absoluten Betrag des Aggregates der übrigbleibenden Glieder um so mehr erfüllt wird.

Um eine Anwendung dieses wichtigen Satzes zu geben, möge mittels desselben gezeigt werden, daß

$$P \equiv \prod_{\nu=2}^{\infty} \left(1 - \frac{1}{\nu^2}\right) = \frac{1}{2}$$

ist. Hierzu braucht man nur zu bemerken, daß

$$P_n \equiv \prod_{\nu=2}^{n} \left(1 - \frac{1}{\nu^2}\right) = \frac{1}{2} \cdot \frac{3}{2} \cdot \frac{2}{3} \cdot \frac{4}{3} \cdots \frac{n-2}{n-1} \cdot \frac{n}{n-1} \cdot \frac{n-1}{n} \cdot \frac{n+1}{n} =$$

$$= \left(\frac{1}{2} \cdot \frac{2}{3} \cdot \frac{3}{4} \cdots \frac{n-2}{n-1} \cdot \frac{n-1}{n}\right)\left(\frac{3}{2} \cdot \frac{4}{3} \cdot \frac{5}{4} \cdots \frac{n}{n-1} \cdot \frac{n+1}{n}\right) =$$

$$= \frac{1}{n} \cdot \frac{n+1}{2} = \frac{1}{2} + \frac{1}{2n}$$

durch Vergrößerung des n der Zahl $\frac{1}{2}$ beliebig nahe gebracht werden kann; da nun anderseits P_n durch Vergrößerung des n dem P beliebig nahe gebracht werden kann, so können P und $\frac{1}{2}$ nicht voneinander verschieden sein.

Nach der Erklärung der Zahl G ist der absolute Betrag des Produktes jeder endlichen Anzahl von Faktoren des konvergenten multiplikativen Aggregates $[1 + a]$ kleiner als G; daß umgekehrt $[1 + a]$ nicht notwendig konvergiert, wenn es eine endliche Grenze G für den absoluten Betrag des Produktes jeder endlichen Anzahl von Faktoren gibt, ist leicht zu erkennen.

Betrachten wir das multiplikative Aggregat

$$\left[1 - \frac{1}{n}\right] \, (n = 2, 3, 4, \cdots),$$

so ist unmittelbar zu ersehen, daß

$$\left(1 - \frac{1}{n_1}\right)\left(1 - \frac{1}{n_2}\right) \cdots \left(1 - \frac{1}{n_k}\right) < 1$$

ist, wenn $n_1, n_2 \cdots n_k$ irgend welche Zahlen aus der Reihe $2, 3, 4, \cdots$ bedeuten. Hier ist also die Zahl 1 eine solche Grenze G; trotzdem konvergiert das Aggregat $\left[1 - \frac{1}{n}\right]$ nicht, da das Aggregat $\left\{\frac{1}{n}\right\}$ nicht konvergiert. Dagegen kann man bemerken, daß $[1 + a]$ sicher konvergiert, wenn das Produkt aus jeder endlichen Anzahl von Faktoren $1 + A$ unter einer festen Grenze liegt, weil dann eben notwendig $\{A\}$ konvergiert.

Ist $Q \equiv [1 + b]$ ein von Null verschiedenes konvergentes multiplikatives Aggregat, so konvergiert auch das Aggregat $\left[\frac{1}{1+b}\right]$ und ist gleich $\frac{1}{Q}$.

Zur Konvergenz des letzteren ist nämlich die Konvergenz des additiven Aggregates

§ 30. Einige Sätze über multiplikative Aggregate. 79

$$\left\{\left|1-\frac{1}{1+b}\right|\right\} = \left\{\left|\frac{b}{1+b}\right|\right\}$$

erforderlich; diese ist aber eine notwendige Folge der Konvergenz des additiven Aggregates $\{B\}$; $(B \equiv |b|)$. Sondert man nämlich die endlich vielen b ab, für welche $B \geqq \frac{1}{2}$ ist, so ist für die übrigbleibenden, die mit $\hat{b}$ bezeichnet werden mögen, $\hat{B} < \frac{1}{2}$, also auch $|1 + \hat{b}| \geqq 1 - \hat{B} > \frac{1}{2}$, folglich

$$\left|\frac{\hat{b}}{1+\hat{b}}\right| < 2\hat{B}.$$

Daß das Produkt der konvergenten multiplikativen Aggregate $[1 + b]$ und $\left[\frac{1}{1+b}\right]$ gleich der Einheit ist, ergibt sich unmittelbar aus dem Satze § 29 26), demzufolge mit jedem Faktor $1 + b$ der zugehörige Faktor $\frac{1}{1+b}$ kombiniert werden kann.

Berichtigung.

S. 10 Z. 10 von oben lies: Schritt statt Sehritt.
S. 11 Z. 16 von oben lies: auf die Aggregate von unendlich vielen statt endlich vielen;